幻像のアオサギが飛ぶよ

日本人・西欧人と鷺

佐原雄二

花伝社

アオサギの成鳥（13 ページ）

チュウサギ（148 ページ）

コサギ（99 ページ）

ダイサギ（16 ページ）

ゴイサギ（38 ページ）

カササギ（64 ページ）

飛ぶアオサギ（54 ページ）

アオサギの渡りの群れ（21 ページ）

水田のサギの群れ。シラサギの中に一羽アオサギが（112 ページ）。

ケンケト祭の鷺鉾（121 ページ）

幻像のアオサギが飛ぶよ――日本人・西欧人と鷺◆目次

第Ⅲ部 羽根飾り問題とサギたち

はじめに

都会の公園の中の大きな池、あるいは地方の観光都市を流れる清流。そんな場所でときおり見かける、背の高い痩せた鳥、それがアオサギです。まるでオブジェのように不動の姿勢を保ったまま長時間いるものだから、大きな体のわりに人に気づかれないことも多いようです。

じつはアオサギがよく見られる水辺は池や河川だけではありません。むしろ初夏の水田です。しかし、用心深い鳥の姿を広い水田で見つけるのは容易ではありませんし、そもそも水田にそんな大きな鳥がいると思ってもみない人が大半でしょう。何でもそうですが、そのつもりで見ないと、いても見えないものです。

アオサギよりも知名度の高いサギといえば、それはシラサギの仲間でしょう。シラサギ類は見映えのする純白の鳥ですが、本書ではむしろ、見た目の地味なアオサギを主人公、シラサギ類を副主人公として、それらサギ類と日本人との関わり合いを、主に二つの面から考察するものです。まず、日本文学上に現れるアオサギのイメージを、西欧文学上のそれと対比させ、日本人がアオサギをどのような動物として表してきたか、シラサギ類との違いは何かを探ります。この対比から浮かぶのは、かつてアオサギが「妖怪」扱いされていたことの意味です。ではなぜアオサギが妖怪扱いされることになったのか、それをアオサギとサギ類の生物学との関連性から考えます。次に、サギ類と人とのもっと即物的な関係について述べます。とりわけ、十九世紀から二十世紀初め、羽毛の装飾利用を目的とした鳥類の大量消費の時代にサギ類が世界的に蒙った危難について、そしてその反動として起こった鳥類保護の機運について紹介します。

なお、ここで「西欧」とは主にイギリス、フランスを指します。そうした理由は、一つには単純に筆者の語学能力の限界のせいですが、それだけではありません。おそらく日本に最もよく文学が紹介されているヨーロッパの国は、この二つと、あとはドイツとロシアではないかと思います。しかしドイツとロシアには、アオサギこそ生息していますがシラサギ類はほとんど見られず、全体としてサギ類の乏しいところで、「サギ類の現れる文学」を日本と比較するのには物足りないのです。

本書中で扱った文献には、文学作品や学会誌の英語論文など、ずいぶん多様な分野のものが含まれています。そこで、全部でなく一部を「参考図書」として最後に紹介することにしました。ただし読者が探し当てることができるよう、引用文献は全て本文中で刊行年を表記し、翻訳ものはさらに訳者名を記載しました。また詩作品などはそれを収めた詩集名を明記しています。

本書では、翻訳ものを含めて、詩作品中の句読点や空白、ダッシュ、三点リーダーなどは原文に忠実に引用しました。一方、スラッシュ（／）は原詩中での改行を示します。難読と思われる漢字にはルビを振りました。引用文中にルビを付けた場合もありますが、文学作品を引用した際にはルビとせず、筆者が新たにつけた読みはカッコに入れて示し、原文中のルビと区別しています。また、引用文中などの〔　〕は、筆者・佐原による注記です。

第Ⅰ部　分裂するアオサギ像——日本と西欧——

1　アオサギの紹介

動物の持つ「イメージ」

古来、日本人はさまざまな野生動物と関係を持ちながら暮らしてきた。野生動物といっても、哺乳類もあれば鳥類、魚類ほか種類はいろいろだし、それら動物との関わり方も多様である。あるものは食用とされ、あるものは農作物の害獣だった。なかには、かつてのオオカミのように畏怖の対象とされたものもあったし、ひとくくりに花鳥風月の語であらわされるように、観賞の対象物とされたものもあった。多様な関わり合いの中から、当該動物に対する日本人のイメージ（言い換えると「動物観」）が形成されてきた。その場合には、当該動物の外観や生態・行動に関する知識——正確さはともかく——ばかりでなく、動物の名称が持つ語感なども影響を持ったに違いない。

いったん形成されると、動物イメージは文化的伝統の中で独り歩きを始め、しばしば現実の動物からは乖離した「虚像」に成長してしまう。たとえ、当の動物自体が希少で普通には見られないものになったとしても、イメージだけは日本人の記憶の中にずっと残り続けることは、たとえばめでたさのシンボルとされるツルを想起していただくとよい。近年、九州産の熊キャラクタが人気抜群だが、九州のツキノワグマはおそらく絶滅してしまったことを考えると、その皮肉の痛烈さに筆者は苦笑してしまうのである。実像と虚像の乖離の、より卑近な例では、実物は不人気なのにマスコットとしては高い人気を誇るカエル類や、生物学的な実態とは異なるのを承知の上で、「ずるい」「人を化かす」などのイメージが貼り付いたキツネやタヌキのケースがすぐに思い浮かぶ。

一方、特別な「イメージ」を持たれることは、当該動物を身近で親しみを持つ存在に変えるうえで、ときに貢献する場合もある。例として、イギリスの湿地環境とそこに住む動物の保全に旗艦的な役割を果たしたサンカノゴイ（漢字表記では山家五位。学名 *Botaurus stellaris*）の場合をあげておく。サンカノゴイは旧大陸（ユーラシアとアフリカ）の湿地に広く分布するサギであるが、どこでもその数は多くない。その上、地味な体色は植物帯の中では隠蔽的で目立たない。しかし英語でブーミングと称されるオスの鳴き声は大きくてよく通り、イギリスの文化的伝統の中では「湿原の牡牛」として親しまれていた（ちなみに、属名の Botaurus が由来するラテン語 bos も taurus も「牛」の意味である）。湿地の排水と狩猟とによって十九世紀には危機的なまでに減少したイギリスのサンカノゴイは、二十世紀に入ると湿地保全運動の中で、擬人化された牡牛の姿で登場した（Barua and Jepson 2010）。現在ある程度まで繁殖個体数の回復したサンカノゴイは、イギリスの湿地保全運動のシンボル的存在となっている。このように、当該動物の有するイメージが、社会において大きな役割を果たすこともあるのだ。

前置きが長くなった。サギ類とりわけアオサギを主人公とし、シラサギ類を副主人公として、動物観（つまり「アオサギ観」）のあり方や日本人との関わり方を見ていこうというのが筆者の意図である。

アオサギとは

まず、アオサギについて紹介しておこう。アオサギ（漢字表記で青鷺または蒼鷺。学名 *Ardea cinerea*）は全長（鳥の場合、全長というのはクチバシの先から尾羽の先までの意味である）1メートル近くもあり、日本で繁殖するサギ類のうちで最大の種である。しかし、痩せた体型からは、「大きい」というよりむしろ「細長い」印象を受ける。雌雄同色で、「青」サギとはいうものの、成鳥の羽色は基本的に灰色と白と黒の三色から成り、学名の種小名 *cinerea* もラテン語で「灰色」を示す。ちなみに *Ardea* は、二名法の創始者リンネ（十八世紀）にまでさかのぼる古い属名である。頭頂部は白だが、左右の眼の直上から後ろに伸びた黒い冠羽（かんう）がアクセントで、鋭い眼やクチバシとあいまって顔をキリリと引き締めている。背中や雨覆（あまおおい）

流れの中に立つアオサギ成鳥。岐阜県。2015 年 7 月撮影。

（翼の前縁に生える小型の羽根）などの灰色部には、特に幼鳥で若干の青味を帯びる。休息時には肩の黒斑と、翼角(よくかく)の白い斑点が目立つ。胸から伸長する羽毛は、特に繁殖期に長くなり、まるで蓑(みの)を着ているようだ。幼鳥は色彩的な特徴が成鳥のように顕著ではなく、全体として灰色がかっており、黒い冠羽も発達していない。

アオサギはユーラシアからアフリカまで旧大陸に広く分布しており、いくつかの亜種に分けられている。日本ほかアジアに分布するのは亜種 *A. c. jouyi* で、国内では北海道から九州までで繁殖し、沖縄にも冬鳥としてやってくる。羽色の差異をもとにヨーロッパ・アフリカの基亜種(きあしゅ) *A.c.cinerea* と分けられているが、その違いは微妙でしかない。基亜種（または原亜種）とは、種が複数の亜種に細分されている場

カナダ、バンクーバー市のオオアオサギ。海岸で網を引くおじさんから魚を貰っていた。2012 年 8 月撮影。

合、最初に学会に登録された亜種のことをいい、必ず種小名と同じ亜種名を持っている。アオサギの場合 *cinerea* がそれに当たる。日本で見られるアオサギは基亜種に比べるといくぶん淡色だが（Hancock and Kushlan 1984）、個体差もある。その上、成鳥、亜成鳥、幼鳥の違いもあり、さらに繁殖期にはクチバシの色が鮮やかな赤に変化し、脚も赤っぽくなるので、個体のレベルでは色彩はけっこう多様だと言えよう。なお南北アメリカ大陸には、アオサギよりも少し大きくて、頸（くび）や背には赤紫色を帯びるがよく似たオオアオサギ（漢字表記で大青鷺。学名 *Ardea herodias*）が分布しており、これは食性や繁殖など基本的な生態もアオサギと似通っている。

シラサギ類とは

ここで、アオサギとしばしば対比され、本書の中でも登場する「シラサギ」について簡単に説明しておく。生物学上、標準和名を「シラサギ」という種はない。シラサギとは、全身が白い羽毛のダイサギ（漢字表記で大鷺。学名 *Ardea alba*）・チュウサギ（中鷺。*Ardea intermedia*）・コサギ（小鷺。*Egretta garzetta*）など（何とも分かりやすいネーミング！）の総称であり、これに季節的に純白な羽毛のアマサギ（飴鷺。*Bubulcus ibis*）や、稀な迷鳥のカラシラサギ（唐白鷺。*Egretta eulophotes*）、さらにはクロサギ（黒鷺。*Egretta sacra*）の白いタイプ（後述）を加えることもある。

ダイサギは二つの亜種に分けられており、夏鳥として日本にやってくるのはチュウダイサギ（中大鷺。*A.a.modesta*）で、越冬のため大陸から渡ってくるのはダイサギ（別称オオダイサギ、大大鷺。*A.a.alba*）である。シラサギ類の三種は体サイズも異なる（名前から容易にサイズ順の見当がつく）ほか、頭部に冠羽のあるのはコサギだけであることや、クチバシや目先、足指の色などから識別可能である。ダイサギとチュウサギは、以前には外見の似ているコサギと同じ *Egretta* 属に含められていたが、近年の詳しい研究から、アオサギと同じ *Ardea* 属に

ダイサギ。青森市。2011 年 5 月、中濱翔太撮影。

移された。

日本では、シラサギに複数の種類があることは江戸時代にはよく知られていた。それは『本朝食鑑』（人見必大、１６９７〔元禄10〕年）や『和漢三才図会』（寺島良安、１７１３〔正徳3〕年）などの百科事典でもそうだが、ここでは日本最大の本草学書『本草綱目啓蒙』（小野蘭山、１８０３〔享和3〕年）の記載をあげておく。「鷺」について「サギ　シラサギ」とし、「全身潔白ニシテ長毛数茎頂上ニアリ」とコサギに該当する記述がある一方、これと別に「鸀鳿」としてダイサギを記載し、「形白鷺ヨリ大ニシテ頂ノ長毛ナシ。嘴ハ黒色、秋ニ至レバ黄色ニ変ズ」とあって、クチバシの色に関する記述の正しさには感心させられる。しかし、一般の間でシラサギ類の各種が識別されていたとは言い難い。シラサギ類は同じ環境に出現することも多く、全身が純白なシラサギたちの種を野外で識別するのは、図鑑と双眼鏡の普及した現在でもなかなかむずかしいことなのだ。

アオサギのエサと採餌行動

アオサギに話を戻そう。アオサギは水田や河川、池などの開けた水辺で魚類やカエル類、大型の水生昆虫などをエサとしている。筆者はかつて、数年にわたり、北海道から九州まで計18カ所のコロニー（集団繁殖地）を学生たちと回って繁殖期の食性と採餌場とを調べたことがある。サギ類は妨害を受けると容易にエサを吐き出すので、巣の下の吐き落とし内容から餌組成を調べることができる。この際、驚いたヒナが巣から逃げ出そうとして落下し、それが死につながることがあるので、まだヒナの運動能力が高くなく巣から逃げることができない時期か、逆にヒナがいったん巣から出ても戻れるくらいにまで育った時期にするよう注意した。その結果、アオサギの吐き落とし内容は場所による違いも大きかったが、かなりのコロニーではドジョウやアメリカザリガニなど水田・水路の動物が餌となっていた（佐原ほか、1994年）。

いま述べた吐き落としのほか、サギ類は不消化物をまとめて黒褐色の固まりとし、口から吐き出す。これをペリット（英：pellet）といい、巣の下にコロンと転がっている。ペリットには魚の骨や鱗も含まれるが、むしろ哺乳類の体毛や、アメリカザリガニの甲殻、昆虫類の鞘翅（しょうし）（コウチュウ類の持つ硬いハネ）などが相対的に多い。主食のはずの魚は消化されやすいエサのようだ。ペリットがアオサギの獲っているエサ内容を忠実に反映しているとは思えないので、筆者はペリットを熱心に集めることはしなかった。

ペリットについては興味深い問題がある。かのダーウィンは『種の起源』（1859年）の中で、次のように書いている。「淡水魚は、のみこんだ種子をはきだすことも多いが、ある種類の種子は食するということを、私はまえにのべた。」「アオサギ〔原文は herons〕その他の鳥は、何世紀もかさねて、日ごとに魚をくいつづけている。くいおわると、とびたち、他の水域にいくか、あるいは吹きおくられて海をわたる。種子は何時間もたってから小塊（pellets）にまじって吐きだされたり糞として排出されたりしたのちでも発芽する能力をもちつづけていることを、われわれはすでにみてきた。」「私は（中略）類推によってつぎのように信じるのである。一羽のアオサギ（heron）が他の池にとんでいって、しこたま魚をたべると、おそらく、アオサギは、消化されていないネルンビウム（Nelumbium）〔原文には water-lily とある。スイレンの仲間だろう〕の種子をふくんだ小塊（pellet）を胃から吐きだすことになるであろう。あるいは、鳥がひなに餌をやっているとき、ときどき魚を落すことが知られているが、それと同様に、種子が落とされることがあるであろう」（八杉竜一訳、1971年）。

鳥による種子散布は生態学上のホットな問題であるが、それ自身は植物食でないアオサギが、間接的に種子散布に貢献することが果たしてあるのだろうか？　近年、大西洋のスペイン領カナリア諸島のテネリフェ島に周年生息する（ただし繁殖はしていない）アオサギ個体群の食性が、ねぐらの下から得られるペリットを用いて調べられた（Rodríguez et al. 2007）。この島には淡水魚がほとんど生息せず、アオサギの主食はヤゴなど水生昆虫類やトカゲ類・小哺乳類などであった。ペリットを調べると、トカゲ類の残滓（ざんし）と一緒にさまざまな種子が見つかった。これらの種子は外見上は無傷だったが、植えてみたところ発芽したものは皆無であった。対照的に、トカゲ類の消化管を通過しただけの種子は大多数が発芽しており、以上の結果はアオサギの強力な消化作用を反映している。どうやらダーウィンの示唆は外れたようだ。

筆者らの調査結果（佐原ほか、1994年）に戻ろう。アオサギは水田で採餌することが多い上に、河川では堰堤のすぐ下にいて遡上する魚を待ち構えていることも多く、採餌活動は人の作った環境に大きく依存していた。主食は予想通り魚類だったが、魚は淡水魚に限らず、海産魚もしばしば食われていた。魚類の他にカエル類やアメリカザリガニなどの水生動物も利用されている。これらのことは、イギリスのアオサギが、やはり魚類を利用すること は多いものの、小型哺乳類やときには鳥のヒナまでも相当に捕食していること（Giles 1981,

Marquiss and Leitch 1990）と対照的であった。多分これは、平野に広がる水田・水路を餌場として利用できるかどうかの違いと関連しているだろう。
アオサギは通常は単独でいる上、エサを獲る主な方法は、浅い水辺で「じっと動かず待ち伏せする」か「ゆっくりと歩いてエサを見つけてとる」かの二つであり、コサギのように獲物を追いかけたり、脚で追い出したりなどの技を使うことはない。大型の魚を見つけた場合には、じつに慎重に狙いを定め、クチバシを急に水中に突っ込んで獲るが、オタマジャクシなど動きの鈍い獲物を相手にするさいには、いとも無造作に「ひょいぱく」「ひょいぱく」と次々に口に放り込んでいく。水辺に長時間じっと立っている姿は、まるで置物のようだ。与謝蕪村はその有様を「夕風や／水青鷺の／脛(はぎ)をうつ」と詠んでいる。

アオサギの渡りと繁殖

飛翔のさいには頸を折り曲げ、脚をだらりと曳く、サギ類に共通した姿も印象的である。筆者の住む青森県では夏鳥で、早くも三月中に南方から渡ってきて、四月には営巣活動に入る。繁殖が終わると分散を始め、八月には南への渡りを開始するが、渡りのピークは青森県では九月であり、この時期には北海道から南下してきた個体が多数混じる。渡りの時は群れを作って飛んでいく。青森県の陸奥(むつ)湾内には、細長く突き出た砂嘴(さし)で区切られた細長い内湾、

アオサギの渡りの群れ。愛知県伊良湖岬。2015 年 10 月、中濱翔太撮影。

芦崎湾があり、ここは湾口が400メートルなのに奥行きは3キロメートル以上もある。この浅い湾内で採餌するアオサギの個体数の変化を、学生たちと一緒に調べることが何度かあった。1989年の9月23日から25日の足かけ三日間の調査のさい、二日目の夕方に、ちょうど20羽のアオサギが群れを作り、湾を去って飛んで行くのを目撃した。翌朝、湾内の個体数がきっちり20減っていたのを確認して妙に納得したことがある。なお、数は多くないが、北海道や青森県など北日本で越冬する個体も見られる。

繁殖はふつう集団で行い、集団繁殖地はコロニーと呼ばれる。しかし単独で営巣することも、特に緯度の高い地方では珍しくない。青森県内の、あるコロニーは2014年秋にカウントしたところ、巣の数が100を少し超える規模

コロニーの様子。40 羽近くが写っている。すでにヒナは大きくなっている。大多数はアオサギだが、少数のゴイサギが混じる。青森県五所川原市。2014 年 6 月撮影。

だったが、2004年6月に筆者が発見したときはわずか一つがいだけであった。巣はふつう樹上に作られるが、水辺の植物帯の中や、ときには地上に作られることもある。北日本ではアオサギ一種での営巣が大半だが、南へいくにつれて、他のサギ類(ダイサギ・チュウサギ・コサギ・アマサギなどのシラサギ類やゴイサギ)との混合コロニーを形成することが多くなり、時にはそれにカワウが混じる。東アジアの集団繁殖性サギ類の中で最も北方にまで生息するのがアオサギなのだが、このことは遠く離れたヨーロッパでも同じで、スカンディナビア半島やスコットランドでもアオサギは繁殖している。

水田や池沼、河川などの開けた水辺に立

つ姿は人目を惹くうえ、ときには三ケタに上る繁殖個体が集まったコロニーは、低山地に作られることもあるが、平野の中の樹林に作られることも多い。日本人には目にする機会の多い動物だったのである。そしてその中から日本人は「アオサギ観」を育ててきた。では、まず文学上にアオサギ像を探ってみよう。

2 「鷺の歌」との出会い

『海潮音』の「鷺の歌」

もともと魚類の生態・行動を研究していた筆者が鳥の世界に足を踏み入れたのは、二十数年前のことである。そのころ調べていた魚類の行動が、捕食回避のための行動であることが判明してきた。そして当時の調査地だった河口部にすむ魚類の主な捕食者はアオサギだったのである。それまで鳥に関心の薄かった筆者は、アオサギの食性や採餌行動を調べ始めた。新鮮な体験の始まりである。

研究と並行して、アオサギゆかりの品々を集め始めた。アオサギ絵柄のマグカップ、アオサギ絵柄の切手、アオサギの置物、銘菓「アオサギの森」（食べてしまったが）等々。地名の「あおさぎ公園」「あおさぎ広場」、アオサギ意匠の飾りのついた橋など、持って帰れないものは写真に収める。とりわけ北海道は「アオサギ物件」の宝庫だった。その後、コレクションはアオサギばかりでなくサギ類一般にも広がった。

サギの出現する文学にはおおいに興味を持った。もともとこういう方面も嫌いではない。特に収集に力を入れたのは近代・現代詩だった。短歌や俳句はインターネットでもかなり情報収集が可能で、さらには動物俳句を集めた書籍まであるが、詩はそうはいかない。アオサギ像を求めて各種の詩選集や受賞詩人の作を手当たり次第に読んでみた。詩集を図書館から借りたり自分でも買ったりし、片端から読んでは「サギ」が現われないかチェックした。見つけると自分のワープロで打ち直し、コレクションに加えていった。時には、筆者がこんなことに関心を持っているのを知って、「文学中のサギ」の情報を知らせてくれた人もあり、これは有難かった。お気に入りの詩を発見するとうれしくなり、誰彼なく知人にメールに添付して送りつけたこともある。そして、そういう作業の中から、いくつかの疑問とそれへの自分なりの解答が浮かんできたのである。

上田敏の訳詩集『海潮音（かいちょうおん）』（1905年）といえば、高校国語の授業で記憶にある方も多いのではないか。筆者はこの詩集を本棚の隅から引っ張り出して眺めてみた。高校と学部学生時代に買った小説や詩集のほとんどは、引っ越しを繰り返すうちに散逸してしまったが、これは残った数少ない本のうちの一冊である。この、薄く頼りない文庫本をパラパラめくったのは本当に久しぶりのことであった。その中に「鷺の歌」が収められている。

「ほのぐらき黄金隠沼、／骨蓬の白くさけるに、／静かなる鷺の羽風は／徐に影を落しぬ」で始まる詩の作者エミール・ヴェルハーレン（ヴェラーレンなどとも表記される）はフランス詩壇で活躍したベルギーの詩人で、ひところはわが国の詩壇に深甚な影響を与えた。『海潮音』には「鷺の歌」を含めて6編の作が収められ、訳者没後に刊行された第二訳詩集『牧羊神』（1919年）でもさらに4作品（拾遺を入れると5作品）が訳出されている。また堀口大學の訳詩集『月下の一群』（1925年）にも2作が収められている。

「鷺の歌」は訳者によって「こゝに至りて、終に象徴詩の新体を成したり」と付言されている。本詩が象徴詩の代表とされるべきものかどうかは筆者の論じ得るところではなく、ここで問題とするのは「鷺」なのだが、その前に一言すべきことがある。「コウホネの花は黄色のはずだ。白い花があるのか」という疑問である。じつは原語の nénuphar は、コウホネやスイレンなどスイレン科の水生植物の総称で、コウホネに限らない。ちなみに賀陽亜希子による新訳（『フランス詩人によるプチ鳥類図鑑』1993年所収）ではコウホネでなく「白い水連」と訳されており、これなら納得できる（余計なことかも知れないが、スイレンは「水連」でなく「睡蓮」だろう）。

さて、サギについての問題である。「鷺の歌」の原題は*Parabole*つまり「寓意」だから、訳者は相当な意訳を試みたものだ。なお、賀陽亜希子による訳詩では、原題に忠実に「寓意」と題されている。問題は次のことである。

西欧ではシラサギ類は分布も個体数も限られている。フランスでは、南仏に行けばコサギが見られる。特に、ローヌ河の河口部にあたる広大な湿地帯、カマルグではコサギの他にアオサギやゴイサギ、オオフラミンゴなども繁殖し、ここは水鳥たちの貴重な生息地となっている。ちなみに、カマルグでアオサギが繁殖し始めたのは1960年代からであるという(Voisin 1991)。しかし、パリを含む北部などフランスの大方の地域ではシラサギ類はまれにしか見られない。イギリスでは基本的に迷鳥としてならコサギが大陸からやってくる。その頻度も決して低くはなくまれには繁殖例もあるというが、しかしその程度である。

対照的にアオサギは普通種で、イギリスでもフランスでも水辺で見かけることが多い。アオサギは英語でgrey heron、仏語でhéron cendréで、いずれも「灰色の鷺」を意味するが、たんにheron(héron)といえば、それはアオサギを指す。ついでだがドイツ語のGraureiherも「灰色のサギ」を意味し、単にReiherと言えば、やはりアオサギを指す。だから、ヴェルハーレンが原詩中でhéronsと言っているのは、アオサギのはずだ。ところが、『海潮音』の訳者上田敏は自序の中で、「鷺の歌」について次のように言っている。

パリ郊外の池に現れたアオサギ。2014年9月撮影。

「唯、縹緲（ひょうびょう）たる理想の白鷺は羽風徐（おもむろ）に羽撃（はばた／はたた）きて、久方の天に飛び、影は落ちて、骨蓬の白く清らにも漂ふ水の面に映りぬ。」

あれ？　では「鷺の歌」の鷺はアオサギでなくシラサギだったのか？　そんなはずは決してない。どうひっくり返しても、これがシラサギだという根拠は見つからない。賀陽亜希子による新訳「寓意」（1993年）では、たんに「鷺」とされている。そして関良一による「鷺の歌」の解説（1963年）には、正しく「原作では『蒼鷺たちの羽』」との指摘さえあるのだ。

上田敏は当時最大級の文学者である。その彼が、なぜ原詩のアオサギをシラサギに変えてしまったのか。これを単純な誤訳と片付けてよいのだろうか。和訳された場合にアオサギであってはいけない理由などあるのか？　これが問題の発端であった。問題を解くには、フランスやイギリスなど西欧文学におけるアオサギ像と、日本文学におけるアオサギ像との違いを考える必要がある。

3　英・仏文学におけるアオサギ像

イギリス文学中のアオサギ

西欧、特に英仏両国におけるアオサギ像とはどんなものだろうか。

もう二十数年も前に、魚の研究のためイギリスで一年を過ごしたことがある。本業の合間に、現地で購入した中古車を駆って、秋の週末ごとにウェールズの河口にアオサギの観察に出かけていた。イギリスの海岸は概してどこも潮位差が大きく、干潮時には広大な干潟が出現する。その中を大きくもない川がゆったり流れ、そこにアオサギが姿を見せる。その活動をビデオカメラで録画し、あとで眺めて解析するのは楽しかった。

イギリス滞在中は絶好の機会と思い、日本でやっていたようにアオサギ関連の品々を集め始めたが、じきに意欲を失った。何しろ「ありすぎる」のだ。地名にはHeronのつく場所が結構あって、筆者の住んでいたバーミンガム市の近郊にも「ヘロンデール」「ヘロンズ

ブリティッシュ・テレコムのテレホン・カード。湿地にたたずむアオサギ。

ウッド」「ヘロンフィールド」、果ては「ザ・ヘロンリー」（「アオサギのコロニー」の意味）などという固有地名がある。さらには、著名な画家のパトリック・ヘロンなど、人名にもHeronさんのあるお国柄である。かのダーウィンの『種の起源』（1859年）にも、クジャクの性選択に関する文脈中でサー・R・ヘロンなる人物が出てくる。当時、外国産の動物を多数飼育するのを趣味としたホイッグ党のヘロン准男爵のことらしい。ついでに言えば、あのラフカディオ・ハーンの姓Hearnも語源は同じで、これも「アオサギさん」である。

かくもアオサギが身近なイギリスでは、文学中にはどう扱われているのだろう？　文学とはいっても、あまりに古く、説話や宗教的なコードを付されていると思われるものは考慮に入れず、十九世紀以降に限ることにした。

まず、田園風景に彩りを添える脇役としてアオサギはしばしば登場している。ここでは例を二つばかりあげておこう。まずはロマン派詩人ウィリアム・ワーズワースの「訪ずれ（ママ）ざるヤロー」（1803年）から次の一節。

「売買（うりかい）にいそしむヤローの人は、／セルカークの町から彼らの町の／ヤローへと帰るがよかろう。／乙女もめいめい自分の家へ。／ヤローの堤で蒼鷺（あおさぎ）が餌（え）をあさり、／野兎はふし、家兎は穴に入るがよい」（田部重治選訳『ワーズワース詩集』1991年所収）。

ヤローはスコットランドの田舎町で、ツイード川の支流が流れている。

次は、ワーズワースの次の桂冠詩人となったアルフレッド・テニスンが、夭逝した親友を偲んで作った長詩「イン・メモリアム」（1850年）の一節である。ついでだが本書では、全くの別文脈において後ほど（第Ⅲ部4）この詩と再会することになる。

「気にかける人がいなくても、小川は風わたる森のまわりを／流れゆき、青鷺や水鶏（くいな）の巣に水を漲（みなぎ）らせ、／あるいは入り江、あるいは窪みともなり、／大空わたる月の光を砕いて銀（しろがね）の矢とするだろう」（西前美巳編『対訳テニスン詩集』2003年所収）。

引用したうち、前者の「蒼鷺」は原詩でheronだが、後者の「青鷺」はhernである。綴りは異なるがhernはheronと同義である。また、訳詩にアオサギの「巣」とあるが、原語はhauntsだから、これは産卵する巣（nest）の意味でなく、「よくいる場所」程度の意味である。どちらの詩でも、アオサギは水辺の風景のアクセントとなっている。

しかし、単に田園風景に彩りを添えるだけの扱いではなく、重要な登場者としてのアオサギについてはどうだろうか。代表的と思う例をいくつか、次に取り上げる。

アオサギを主人公とした小説に、ケネス・リッチモンドの『アオサギのガース』（*The Heron Garth*, 1946）がある。これは主人公「ガース」が孵化してからさまざまなことを経験しつつ成長し、最後は空中でシロハヤブサに襲われ、互角に戦って死ぬまでの一生をドラマチックに、しかし生態に忠実に描いた動物小説である。その中でガースの風貌は次のように描かれている。

「彼の顔はクサビ型であった――いつも厳しい顔つき、太古の生き物が持つ冷ややかな凝視。ずっと前方、クチバシ根もと近くにある眼は黄色い虹彩に囲まれた黒い円盤で、水晶のように冷たかった。全体として拒否感を催させ、まるで頭蓋骨か握りこぶしのようだ。それは顔というより、槍の穂先か刀の柄、あるいは狙い過たず繰り出すクチバシの切っ先であった」（筆者訳）。

この精悍な風貌。鋭い眼。突飛に聞こえるかもしれないが、このくだりを読んで筆者が思い起こしたのはシャーロック・ホームズである。ホームズが暗号解読に活躍する短編「踊る

The Heron Garth 表紙。

人形」（1903年）の冒頭部分は次のとおり。

「ホームズは細長い背中を丸めて座り、黙ったまま何時間も、ひどく嫌な匂いのする物質を作り出す化学容器の上にかがみこんでいた。彼の頭は胸に沈み、私から言わせれば、その姿は、くすんで灰色の羽色をして黒い冠羽をもった、奇妙な痩せた鳥であった」（筆者訳）。

「奇妙な痩せた鳥」の名は明示されていないが、これは紛れもなくアオサギである。孤高で精悍な探偵のイメージに――特にジェレミー・ブレット演ずるホームズ像に――ぴったりだと言えよう。

次に、二十世紀前半のウェールズの大詩人、ディラン・トマスを取り上げる。彼の詩にはアオサギ（heron）が頻繁に出現する。まずは「十月の詩」（詩集 *Deaths and Entrances*, 1946 所収）の冒頭は次のとおりである。

「それはぼくの天国への三十年目の年だった／港から　近くの森から　貽貝（いがい）が溜まり　青鷺が／僧侶のように祈っている浜辺から／朝の呼ぶ声を／聞いて　目覚めたのは、（以下略）」（松田幸雄訳、２００５年）。

詩人は自分が年々死へ近づいていくことを強く意識している。その詩人のためにアオサギは祈っているのだ。なお、アオサギの白い頭頂部と、これと対照的な黒い冠羽を、頭頂部を剃ったカトリック修道士の髪型（トンスラ）に見立てることもできそうである。

次は、アオサギが七度も登場する詩「サー・ジョンの丘の上」（１９４９年）第三連の途中である。

「壁が踊り白い鶴が竹馬に乗っている水の波止場で、頌歌（しょうか）を歌って。／それは青鷺と私だ、審判するサー・ジョンの楡（にれ）の丘の麓、／導かれ迷える小鳥たちの弔鐘（ちょうしょう）の鳴りわたる罪の／物語を語るのは、（以下略）」（同訳書）。

ここではアオサギは孤独な詩人の分身であるか、少なくとも立場を同じくする盟友として現れている。

ざっとこんな具合だ。英文学では、アオサギとは「孤独で孤高で精悍なもの」なのである。

フランス文学中のアオサギ

次に、フランス文学上でのアオサギ観はどうなのだろう。ここでも、情景を彩る脇役または端役としてアオサギが登場することはある。例として、まず、散文詩の確立者アロイジウス・ベルトランの詩集『夜のガスパール　レンブラント、カロー風の幻想曲』（1842年。このうち三編の詩について後年モーリス・ラヴェルが作曲している）所収の「『年代記』の七　癩者」からあげておこう。

「遠くから見れば、静かで緑の木々に満たされ、花咲く草を食む鹿や明るい沼に餌を漁る鷺を見出すばかり」（及川茂訳、1991年）。

あるいは、ピレネーの「自然と愛の詩人」フランシス・ジャムの詩「秋がきた……」（詩集『明けの鐘から夕べの鐘まで』1898年所収）から次の一節を引いておく。

「もうすぐ、ぜんまい仕掛けの子供の玩具（おもちゃ）のような／小鴨（こがも）たちが、幾何学模様で空の中を通り過ぎるだろう。／身体（からだ）のひきしまった青鷺（あおさぎ）は高い枝にとまるだろう」（手塚伸一訳、2012年）。

上記の「鷺」「青鷺」とも、原詩ではhéronsである。

もっと重要な役割を与えられたアオサギの場合はどうか。ヴェルハーレンの「鷺の歌」についてはすでに述べた。ここではもう一つ、熱烈な共和政支持者であった歴史家・随筆家のジュール・ミシュレが語るアオサギを紹介しておきたい。現在使われている意味で「ルネサンス」という言葉を先駆けて使用したことでも知られるミシュレは、人生の後年において、『鳥』『虫』『海』『山』と題した随筆を次々に刊行した。『鳥』(1856年)の中でアオサギ(héron)は「沼地の夢想家」「孤独な瞑想家」と形容されており、「かれの上品な黒いとさか(aigrette noire)、ほとんど王侯の喪服ともいうべき真珠色の外套は、かれ〔アオサギ〕の貧弱なからだや、透きとおるかと思われるほどの痩身とは、いちじるしい対照をなしていた」(石川湧訳『博物誌 鳥』1969年)。ここには、後年の不遇にあった著者の姿があるいは投影されているかもしれない。なおミシュレには、装飾用の羽根利用の問題をめぐって、後ほど第Ⅲ部で再登場してもらうことになる。

以上の文章から英・仏文学に共通して見えてくるのは、「高貴で精悍だが孤独なアオサギ」像である。それは、単独で水辺にじっと立つ痩せた姿、鋭い眼、獲物を捕獲するすばやさ、などを反映しており、このことは十分に首肯できる。

プロヴァンスのゴイサギ

この項の最後に、英・仏文学に現れるアオサギ以外のサギ類について付け加えておきたい。邦訳された小説を読んでいると、「五位鷺(ゴイサギ)」の名前に遭遇してはっとすることが

プロヴァンスのサント＝マリー＝ド＝ラ＝メールの町にあるミレイユ（プロヴァンス語ではMirèio）の像。1920年に建てられた。プロヴァンス語で書かれた台座の碑文は『プロヴァンスの少女ミレイユ』第十の歌からの引用。2009年9月撮影。

時にある。しかし調べてみると、それが本当にゴイサギ（漢字表記で五位鷺。学名 *Nycticorax nycticorax*、英：black-crowned night heron、仏：héron bihoreau）だったのは、わずかに南仏プロヴァンスの詩人・作家のフレデリック・ミストラル（１９０４年のノーベル文学賞受賞者）の作品くらいであった。

「近くの沼地では、そこにかくれ住む脚の長い、大柄な鳥がときおり飛び立って、その影を地面に落とす。それは、赤足鴫（あかあししぎ）や鋭い目つきの五位鷺だ。五位鷺は三本の長くて白い冠羽を、いかにも気位高く頭上に立てている」（『プロヴァンスの少女ミレイユ』１８５９年、杉富士雄訳、１９７７年）。

『プロヴァンスの少女ミレイユ』はプロヴァンス語で書かれた長大な韻文小説で、上記の文章は、悲恋・悲運のヒロインが猛暑の中、ローヌ河の河口部の広大な湿地帯、カマルグを通りかかった際の描写である。カマルグは実際にゴイサギの生息地であるし、白い冠羽についての記述からも、これはまさしくゴイサギだと断定できる。プロヴァンス語の原文では galejoun であるが、これはミストラル自身によるフランス語訳（1859年。ただし韻文ではない）では bihoreau と訳され、またハリエット・プレストンによる英訳版（1872年。韻文である）では hern と訳されている（hern は heron の詩語・地方語）。さらに両訳ともわざわざ注釈までつけて、前者では *ardea nycticorax*（*ardea* の小文字は原文どおり）、後者では *Ardea nycticorax* のことだと記している。これはゴイサギの旧学名で、かつてゴイサギは *Ardea* 属に含められていた。プレストンの場合、プロヴァンス語の原文にならって韻文に訳すること自体が難業だったろうが、フランスの大部分やイギリスではなじみのないゴイサギを翻訳する際の苦労がしのばれる。

プロヴァンスを舞台とする文学には他に、「アルルの女」で有名なアルフォンス・ドーデの短篇集『風車小屋だより』（1869年。戯曲化される前の「アルルの女」が含まれている）がよく知られている。この中の「カマルグ紀行」に、次の一節がある。

「別荘（シャトウ）のにぎやかなざわめき。使いの者が番人の言伝（ことづて）をもたらしたのだ。半ば（なか）フランス語、

ゴイサギ。赤い眼と頭部の白い冠羽が特徴。台北市内。2015 年 3 月撮影。

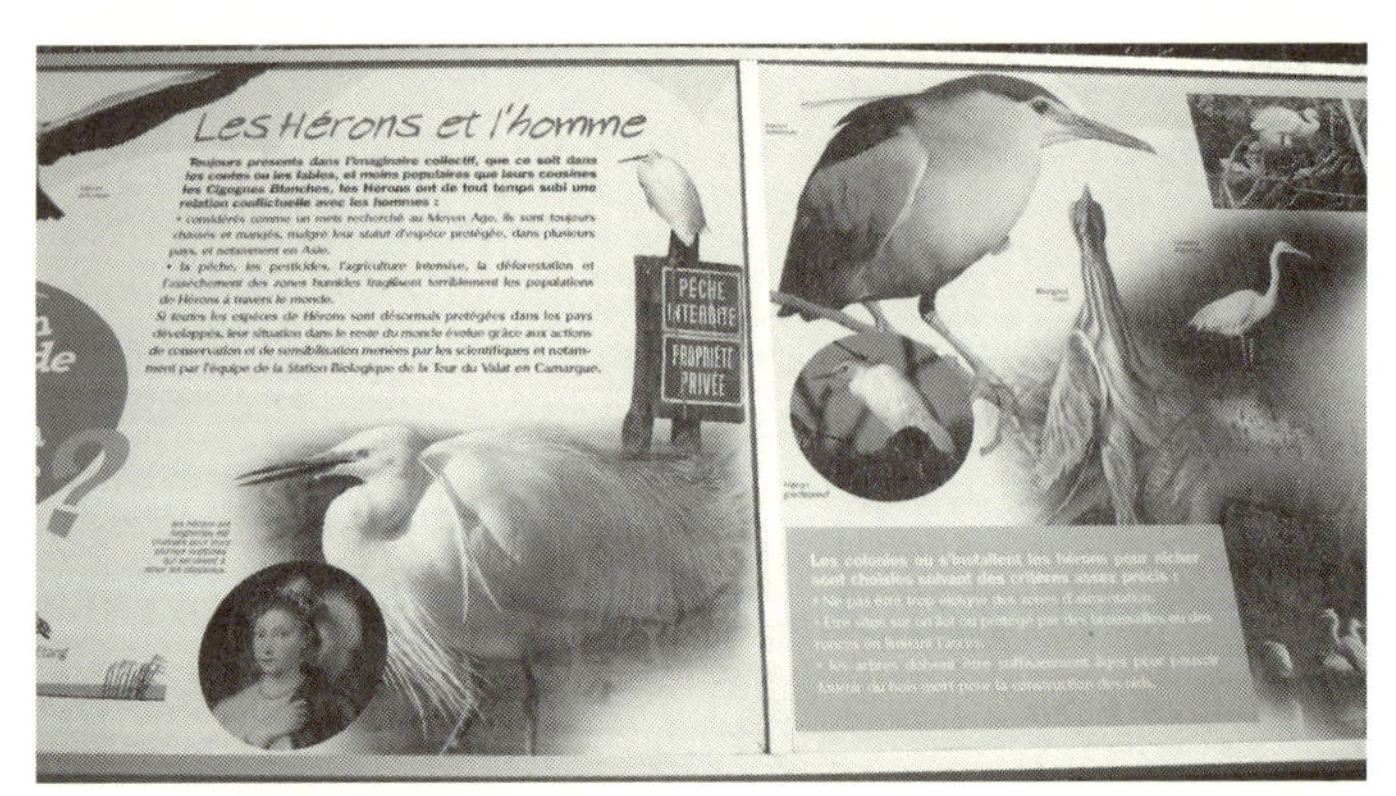

カマルグの鳥類公園にある看板。カマルグに生息するサギ類について、ゴイサギ（右側看板の左上）も含めて紹介されており、シラサギの説明文には、かつて羽毛を帽子の飾りとするために利用されたことが書かれている。2009 年 9 月撮影。

半ばプロヴァンス語の口上では、すでに『さぎ』『ちどり』のすばらしい群れが二、三度通り、『春の渡り鳥』の姿も見えたということである」（桜田佐訳、1958年）。

ここで「さぎ」と訳された原語はgaléjonで、『プロヴァンスの少女ミレイユ』のgalejounの綴り違いである。ミストラル自身が編さんしたプロヴァンス語／フランス語の辞書『フェリブリージュ宝典』（1878〜86年）によれば、galejounは広くサギ類を指す言葉で特にゴイサギを意味するのではない。しかしゴイサギには別のプロヴァンス語もあって、gantoun、あるいはmoua（またはmoua-moua）といい、後者は擬声語に由来するという。あの鳴き声が、かの地では「ムア・ムア」と聞こえたのだろうか。だから、ゴイサギが普通に生息するプロヴァンス地方には、特にゴイサギを指す名詞があったわけだ。

さて、『プロヴァンスの少女ミレイユ』を例外として、当たれる限り原文に当たってみると、英・仏文学で「ゴイサギ」と和訳されたほとんどはゴイサギでなく、本書の冒頭でも少し紹介したサンカノゴイ（英：bittern、仏：butor）であった。サンカノゴイはゴイサギよりもずっと大きいサギで、ゴイサギの幼鳥にはいくぶん似てなくもないが、広大な湿地の植物帯中で生活・繁殖する、単独性の鳥であって、その隠蔽的な暮らしぶりは、基本的に樹上で集団繁殖するゴイサギとは全く異なる。イギリスから日本までユーラシアの高緯度地方も含めて広く分布するが、どこでも個体数は多くない。日本ではごくわずかが北日本で繁殖し、冬鳥として到来する個体も多くはない。サンカノゴイが見られるとなれば、バードウォッチャーとカメラマンが大勢押しかけるのは必至である。

特徴は繁殖期にオスが発する大きな声で、3キロメートル離れていても聞こえるという。姿を目にすることはむずかしくとも、聴覚的な存在感は抜群の鳥といえる。だから文学作品中にしばしば登場することは十分うなずけるが、和訳される際に、日本人には一般になじみの薄いサンカノゴイでなくゴイサギにされてしまったものであろう。

バッサーニの『鷺』

英・仏文学ではないが、ユダヤ系のイタリア人作家ジョルジョ・バッサーニに『鷺』という小説（1968年）がある（大空幸子訳、1970年）。原題は *L'Airone* で、英語ならすなわち *The Heron* である。作中、この鳥は「細長い首」「栗色の幅広い翼」「やわらかなベージュ色の首と胸の羽毛と、黄茶色の、聖者の遺骨めいて痩せ細った脚をのぞいて、全身栗色である」「頭のうえに、うしろを向いて、何だか細いものが立っている、糸のような、アンテナのようなものが」などと形容されている。これは果たしてアオサギなのだろうか？「ベージュ色」「黄茶色」「栗色」のような体色は、アオサギでなくむしろムラサキサギ（漢字表記で紫鷺。学名 *Ardea purpurea*、英：purple heron、仏：héron pourpré）を想起させる（ただしムラサキサギも「全身栗色」とは言えないが)。ムラサキサギはアオサギと同属だが少し小型でより細身。体色はかなり異なるが、単独で水辺にたたずむところはアオサギに似ている。日本では南西諸島の、それも宮古島以南でしか繁殖しておらず、列島の大部分ではごく稀な迷鳥として見られるだけである。

この小説の舞台は北イタリアのポー川の流域で、ここにはアオサギも生息する一方、イギリスには生息せずフランスでも少数しかいないムラサキサギの、ヨーロッパでの貴重な生息地でもある。したがってムラサキサギの可能性があるが、作家が両種を区別していたかどうかは分からない。

第二次大戦が終わって間もない1947年の冬の一日、ユダヤ系の出自を持ちながら信仰を捨て去った主人公は狩猟に出かけ、沼地で遭遇した一羽のサギに自分を重ねている。その飛びざまはのろく、猟銃を持った主人公に向かって近づいてくるのは、「まるっきりその必要もないのに、単なる好奇心のために、次第次第にひとり破滅へ赴いてる者の行動ではないか」と主人公は思う。彼は「鷺と身も心もひとつに合わせて、不安に充たされて眺めていた。」

孤独な主人公が自らをサギと同一視したのである。そして、この日の最後に主人公は自死に向かうのだ。

4　日本文学におけるサギ像

「鷺」の小説

さて日本文学の場合である。近代・現代詩の検討に入る前に、まず、「鷺」をタイトルに持つ小説を三つばかり、ざっと見ておくことにしよう。

代表作「足摺岬」（1949年）や「落城」（1949年）で知られる田宮虎彦に、「鷺」（1950年）がある。この時代小説でサギは物語の契機として機能している。遠州掛川城主の嫡子松平定吉（さだよし）は、家康の面前でダイサギを射落としたのを無益のことと家康本人から叱責され、絶望して不条理な死に走る。その過程で多数の人が道連れとされ、それぞれの死を遂げる。全編が深い絶望感に覆われた短編小説の中で、「静かな波の上を悠々と雪白の羽をのべて飛んでゆく鳥」は、不条理な死に満ちた人間界を際立たせている。

北村薫の『鷺と雪』（2009年）は第141回直木賞受賞作品である。これは二・二六事件の迫る時代を背景とした推理小説だが、タイトル中の「鷺」とは能の「鷺」のことであって、直接に鳥のサギを指すわけではない。

最後に、奇書『黒死館殺人事件』（1934年）で有名な小栗虫太郎の推理小説『青い鷺』（1937年）は表題に惹かれて読んだ。それなりに面白かったが、じつはサギそのものは登場しない。何もこのタイトルにせずともよかったのに、というのが筆者の正直な感想であった。

詩に現われるサギを収集する

本題に戻る。近代・現代詩に現れるサギ類はどう扱われているのか。アオサギも含めて「サギの出る詩」を片端から集めてみた。

詩に現れるサギを収集するに当たり、次の方針を定めた。まず当然だが翻訳ものは含めない。短歌や俳句も除外する。一方、散文詩は含める。異稿のあるもの（宮澤賢治の作品には多数ある）はダブルカウントせず、異稿を合わせて一つとする。カナ・漢字を問わず、「サギ」「さぎ」「鷺」と言葉で明示されないものは、たとえそれらしくとも含めない。宮澤賢治の「水汲み」（作品第711番）には「向ふ岸には／蒼い衣のヨハネが下りて／すぎなの胞子(たね)をあつめてゐる」という一節があって、この「蒼い衣のヨハネ」がアオサギではないかという解釈が中谷俊雄によって紹介されている（赤田秀子・杉浦嘉雄・中谷俊雄『賢治鳥類学』1998年）。なるほど、痩身(そうしん)で精悍な聖者に擬するものとして、水辺に立つアオサギはじつにふさわしいではないか。この意見には筆者も唸ったのだが、残念ながら含めなかった。
また「鷺草」（薄田泣菫（すすきだきゅうきん））、「白鷺城」（三好達治）、「鷺百合」（宮澤賢治）、「特急しらさぎ」（平田俊子）など、鳥のサギでないものも含めないが、本来のサギ科のサギとは区別されずに使われていると思われる「ヘラサギ」（サギ科でなくトキ科に属する）は含めることとした（ただし3作品だけである）。一方、トキは漢字で書けば「朱鷺」だが、これは含めない。薄田泣菫の詩には「鷺脚（さぎあし）」という言葉がしばしば使われている。「鷺脚（鷺足）」とは聞きなれない言葉だが「鷺のように、足を高く上げて静かに歩くこと」という意味らしい。これは数に含めることにした。

「魚の骨が落ちている」

「サギ」そのものは出てこないにもかかわらず、見つけて以来、筆者がずっと気になっている詩が二つある。次を見ていただきたい。

「松林の中には魚の骨が落ちてゐる／（私はそれを三度も見たことがある）」（尾形亀之助「白に就て」、詩集『雨になる朝』1929年所収）。

「秋になって／郊外の林の中に入つて行つた／林の中でみたものが魚の骨（以下略）」（小野十三郎「林」、詩集『半分開いた窓』1926年所収）。

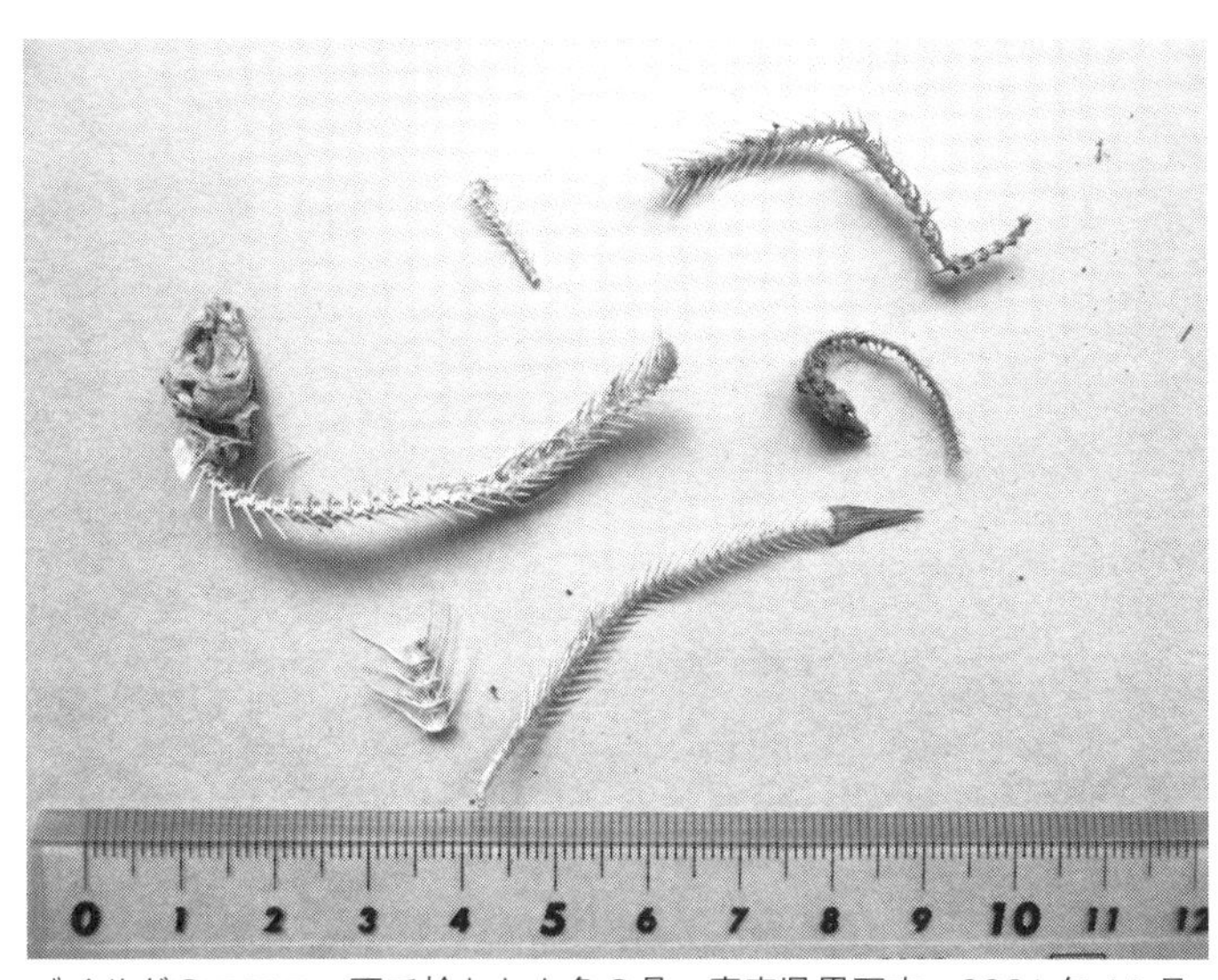

ゴイサギのコロニー下で拾われた魚の骨。青森県黒石市。2001 年 11 月、遠藤菜緒子採集。

筆者がかつて日本各地を回って、コロニーの下からアオサギのエサ動物の遺骸を集めたさいに、しばしば拾われたのがドジョウなど魚の骨であった（佐原ほか、1994年）。偶然だろうがほぼ同じころに、二人の詩人がそれぞれ林の中で見て詠んだものは、サギのコロニー下に落ちていた魚の骨ではないか？　これらの詩を見つけて以来ずっと気になっている。どちらも魅力的な詩だが、「サギ」と明示されてないのでこれらは含めないことにした。

サギの現われる詩作品

さて、本題の「詩に現れるサギ」に戻ろう。詩の中にサギを見出したのは、古いところで明治の薄田泣菫・石川啄木・伊良子清白・三木露風から、新しいもので藤井貞和「宝来」（詩集『神の子犬』２００５年所収）、小笠原鳥類（この筆名は凄い！）「活版と、いにしえのカラー印刷の花」（詩集『テレビ』２００６年所収）までである。その結果、全部で52詩人から１１３作品を得ることができた。詩人のうちで、サギの出る詩作品が特に多かったのは、「日本野鳥の会」の設立にも係わった北原白秋（11作品）と、自然を愛し科学用語を多用して詩作した宮澤賢治（12作品）であり、この二人に次ぐのが、賢治研究者としても高名な入沢康夫と、歌謡詞の作者としてよく知られた佐藤惣之助（阪神タイガースの「六甲颪」の作詞者でもある）のそれぞれ7作品である。

白秋は鳥好きで知られている。１９３４年、「日本野鳥の会」の前身、「日本野鳥之会」設立発起人の一人となり、同年、富士山麓で行われた日本初の探鳥会にも参加している。

賢治が生き物や地質・鉱物に詳しかったことはいまさら述べるまでもない。生き物の中でも鳥類、その中でもサギ類には、あるいは賢治が特に関心を寄せていたのではないかと筆者には思える。賢治の詩ばかりでなく童話にもサギが出てくる。「銀河鉄道の夜」にサギとサギ獲りが登場するのを覚えている方も多いだろう。

「『眼をつぶってるね』カムパネルラは、指でそっと、鷺の三日月がたの白いつぶった眼にさわりました。頭の上の槍のような白い毛もちゃんとついていました。」これはシラサギで、冠羽があることから考えてコサギであろう。もちろん、詩ではないから数には含めていない。

詩中のサギを分類してみる

詩中の鷺といっても、それはアオサギかシラサギ類か、あるいはゴイサギなのか。上記の113作品のうち明記されているのはシラサギ類が33作品、アオサギが20作品で、ゴイサギが15作品であった。同じ詩中に複数のサギ類が詠われている場合は、当然ながらそれぞれにカウントしている。この際、コサギ・ゴイサギ・アオサギが現れる入沢康夫の詩「つはさあるものともとも」(詩集『駱駝譜(らくだふ)』1981年所収)では、コサギはシラサギ類としてカウントした。また、かつて埼玉県にあったサギ類の大規模な混合コロニー「野田の鷺山」を訪れたときのことを素材に神保光太郎が作詩した、標題もそのまま「鷺」(詩集『冬の太郎』1943年所収)の一節には、「大鷺/小鷺/五位鷺/そして/猩々鷺(しょうじょうさぎ)」と詠われており、この場合も「大鷺・小鷺・猩々鷺」はまとめてシラサギ類にカウントした。なお猩々鷺とはアマサギのことである。

この数字だけを見ると、シラサギ類に対してアオサギ、次いでゴイサギの予想外の「健闘」が目立つが、シラサギ類の33という数字には、「品のよいまつ白な鷺の群れ」(佐藤惣之助「幽閑」、詩集『季節の馬車』1922年所収)や「白き鷺、空に闘ひ、/沛然と雨はしるなり」（北原白秋「黎明」、詩集『海豹（かいひょう）と雲』１９２９年所収）のように、読めば明らかでも「シラサギ」とはっきり書かれてなければ含めていない。じつは、たんに「鷺」と書かれたもので判別がつく場合、たいていはシラサギ類である。もう少し例を挙げると、生田春月の、表題も「鷺」という詩の前半部分は次の通り。

「雪のやうなるわが羽（はね）に／くまなき月の影さえて／けぶる浦曲（うらね）の秋ゆふべ、／魚をねらひてたたずめば」（詩集『感傷の春』１９１８年所収）。

さらに例をもう一つ。これは佐藤惣之助の「南方哀詞」の冒頭である。

「まつしろな鷺（さぎ）にでもなつてしまはうではないか／こころがつかれると夏服もおもたいし／青いヘルメットの庇（ひさし）から百合（ゆり）を眺めると／今宵（こよひ）の月のいろがまぶしすぎるだらうよ」（詩集『琉球諸島風物詩集』１９２２年所収）。

しかし中には、詩中の「鷺」がシラサギとは別のサギを指す場合もある。次は近衛直麿（文麿の異母弟）の「鷺の一聲」という詩（日夏耿之介選『明治大正新詩選　下』１９５０年に採録）の冒頭である。

「かくは恐ろしき一夜／鷺鳴きて窓を過ぐ。」これはゴイサギであろう。

結論として、詩中に現れるサギの多くがシラサギ類であるといえる。ではシラサギは、どのようなものとして詠いこまれているのか。多くの場合それは「ひたすら美しいもの」である。たとえば次は、『銀の匙』（初版１９２１年）で知られる中勘助（なかかんすけ）の詩「恋のすさび」の終わりの部分。

「白鷺さへも／白鷺さへも／きみかとぞ思ふ／恋のすさびに」（詩集『琅玕（ろうかん）』１９３５年所収）。

あるいは大木惇夫（あつお）の、その表題も「白鷺」の一節。

「白鷺は／羽ばたき、羽ばたく。／蘆の葉をふるはせて、／水のしづくを、真珠のやうにふらせる」（詩集『風・光・木の葉』１９２５年所収）。

どちらも甘美な詩だというほかない。そのとおり、およそ純白なものは美しいのだ。これに対して詩のアオサギはどうなのか？　次節で詳しく見てみよう。

アオサギの詩――憂鬱で不気味な詩の系統

筆者の知る限りで、近代・現代で「青鷺」または「蒼鷺」と題された詩は三つある。石川啄木の「青鷺」（詩集『あこがれ』１９０５年所収）、更科源蔵（さらしなげんぞう）の「蒼鷺」（詩集『凍原の歌』１９４３年所収）、そして蔵原伸二郎の「蒼鷺」（詩集『東洋の満月』１９３９年所収）である。これら三つの詩はそれぞれ違ったアオサギ像を提示していて興味深い。

啄木の「青鷺」は、鋭い眼で詩人を見守る他者である。秋の夕暮れ時、沼沿いの岡のふもとを詩人がそぞろ歩いていると、遠くに寺の屋根が見え、鐘の音が聞こえる。誰の妻が亡くなったのか。ふと詩人の心は危うくこの世から離れていきそうになる。そのとき、沼の葦のそばに一羽のアオサギが音もなく降り立つ。

「立つ身あやしと凝視るか、／注ぐよ、我に、小瞳。——」

　アオサギに見守られて詩人は我に帰るのである。ずいぶんと時代をさかのぼるが、芭蕉の「続の原句合（冬の部）」の中に、「青鷺の目をぬひ、あふむの口を戸ざ、むことあたはず」とあり、「アオサギの鋭い眼やよくしゃべるオウムの口をふさぐことはできない」、つまり「識者の鋭い批評を逃れることはできない」の意だというが、これに通じるものがある。なお、啄木の『あこがれ』には、シラサギの詠われた「隠沼」という詩も収められている。隠沼とは植物に覆われて人目につかない沼の意味だが、詩「隠沼」が文芸誌『明星』上に掲載されたのは、上田敏の「鷺の歌」（その冒頭部分に「隠沼」という言葉が現れる）と同時期である。相互の影響関係が興味を呼ぶが、これ以上のことは筆者には分からなかった。

　アイヌ文化の研究者としても知られる更科源蔵の「蒼鷺」は、寒冷の中に凛として立つアオサギの姿を詠ったものである。

「蝦夷榛に冬の陽があたる／凍原の上に青い影がのびる／蒼鷺は片脚をあげ／静かに目をとぢそして風を聴く」

で始まる詩には、源蔵と同じく道東出身の伊福部昭による曲（2000年作曲）もつけられている。実際、北海道は国内のアオサギの重要な繁殖地だが、繁殖のために南から渡ってくるのも三月と早い上、少数ながら道内で越冬する個体もある。詩人の詠った情景は異例のことではない。

最後に蔵原伸二郎の「蒼鷺」。これは凄い詩だ。一部を紹介するが、まず冒頭で驚愕する。

「見たまへ。／蒼鷺が飛んでゆくよ、暗い地底から幻像の蒼鷺が飛ぶよ。／俺は不思議な原始の想ひを、脳の奥底深く秘くし、哀れな蒼鷺となつて、遠い山脈の湿地方へ翔けてゆかう。」

暗い地底から飛び出す幻像のアオサギ！　何というイメージだろう。この詩に遭遇したとき筆者は衝撃を受け、ついでうれしくなって心が躍った。詩人が変身したアオサギは

「あまたの季節を飛躍し、星辰を飛躍し」、そして

「憂鬱の川岸の、朱い果実でも喰つて、だれも居ない、大自然の奥の沼沢地方で、水を切つて、泳がう、泳がう。」

伸二郎の詩のいくつかには、鮮やかな原色がちりばめられている。たとえば、「野狐」という詩（詩集『岩魚』1964年所収）の中には、「白い村道」「紅いスカンポ」「青いカジカ」、そして最後に「黄昏の村道」が出てくる。「蒼鷺」の詩でも、蒼鷺の蒼と「朱い果実」の朱

との対比が目を刺激する（詩中には他に「つべたい白魚」も出てくる）。蛇足ながら一言。ここで「アオサギは動物食で、果実など食べない」などと生物学的な野暮を言ってはいけない。これは詩なのだから。

蔵原伸二郎には「蒼鷺」と題した短編小説もある（小説集『猫のゐる風景』1927年所収）。この短編中には「青」「蒼」の漢字が何度も出現する。とりわけ目立つのは「幽かな（幽かに）」の頻出である。暗鬱で救いようのない状況で、主人公の偏愛するアオサギは進行役として登場する。中でも、眠っている妻の胸に片脚で立つアオサギを主人公が見て驚くシーン（ヨハン・ハインリヒ・フュースリの絵「夢魔」（1781年）を想起させる）にはぎょっとさせられる。これは不気味に違いない。

ここでとうとう「憂鬱で不気味なアオサギ」像に行き着いたわけだが、その例をもう少し挙げておこう。次は入沢康夫の長詩「わが出雲・わが鎮魂」（1968年）の一節である。

「海の上には雲が車輪の形に光り／その中央に　月があわびのからの色で燃え／空の上の上のほうを／一羽の首のないあおさぎが叫んで行つた／『教えて下さい　あの人の魂は／どこにあるのでしょう　一体どこに／どこに　どこに　どこに　どこに』」

このイメージもまた不気味で不思議な魅力を備えている。この長詩の自注が「わが鎮魂」なのであるが、アオサギに関連して、先述した芭蕉の「続の原句合（冬の部）」（「青鷺の目をぬひ……」）がそこに引用されている。

ここで詩中の「首のないアオサギ」イメージについて付言しておく。これを単純に、「サギ類が飛ぶときに頸を曲げているのを言っただけ」と考える向きもあろう。しかし多分そうではない。入沢康夫の別の詩「旅の二人」（詩集『倖せ　それとも不倖せ　続』1971年所収）の中には「遠い河　遠い海／首のない鳥の一群が　俺たちの頭上で／二鑵のマグネシウムを燃やした」とある。詩人は頭上を飛ぶ首のない鳥のイメージが好きなのに違いない。

入沢康夫の詩にはサギ類に限らず鳥が頻出するが、その中でもサギ類は特別の役割を担っているようだ。別の詩「聞いて下さい」（詩集『古い土地』1961年所収）にはゴイサギが登場している。

「淋しい歌を一つ聞いて下さい　三十六人ででかけていって三人帰ってきた　赤い頭巾をかぶって笑っていた七人のうち六人は帰って来なかった」

から始まる詩は、そのあと、

「家財をはたいて　河に舟をうかべたのです　それからは舟はあの人たちの陸地でした　溺れるのは海に出てからのことです　へさきに五位さぎを何羽もとまらせて」

と展開していく。不気味であるとともに、不可解さと切なさとを備えた、何とも言えない魅力を湛えた詩である。

飛翔するアオサギ。青森市。2014 年 7 月撮影。

詩でなく短歌だが、馬場あき子の次の作も紹介しておこう。

「かすかなる　存在の闇　さびしげに　脚なびけゆく　青鷺の群」（歌集『ふぶき浜』１９８１年所収）。

「かすかなる存在の闇」とは直截的すぎてカラリとした感さえあるが、これも憂鬱で不気味なアオサギ像の系列に含まれるだろう。さらに、夏目漱石の小品「夢十夜」（１９０８年）の第三夜で不気味さを演出するサギも可能性としては含まれる。このサギはアオサギかゴイサギか判然としないが、夕闇に鳴いて田んぼから飛び立ったなら、それはアオサギの可能性が高い。小品といえば、芥川龍之介の「沼」（１９２０年）の冒頭で、昼とも夜とも不分明な、不思議で不気味な世界を演出する小道具になっている「蒼鷺の声」もあげておくべきだろう。

川端康成の掌編（しょうへん）小説集『掌（てのひら）の小説』中に「神の骨」という小編がある。『掌の小説』が新潮文庫から刊行されたのは１９７１年だが、収められている小編の多くは作者二〇代に書かれたものだという。すると１９２０年代の作ということになる。「神の骨」では、何人かの男たちが、自分と関係のあった「喫茶店の女給」弓子から同文の手紙を受け取るところから話が始まる。この喫茶店の名前が「青鷺」なのであるが、喫茶店の店名としてアオサギは珍しい。ここでのアオサギは「不気味」と言えば大げさになるが、得体の知れない不安感を醸し出す小道具になっている。吉村貞司（よしむらていじ）による『掌の小説』の解説文（１９７１年）には「あるときは凄惨な生の矛盾を夜空にとどろかせ、ひらめかせる。この系統の作品として（中略）『神の骨』などをあげておこう」とある。

「詩中に現れるアオサギ」の最後に、シュルレアリスト瀧口修造（たきぐちしゅうぞう）の「地球創造説」（１９２８年）から一節を次に紹介しておく。

「真実ノミロノヴィーナスニ逡巡スル無熱ノ葦／長時間ノ疼痛ヲ巧ミニ避ケル青鷺」

このイメージの奔放さに驚く、というより筆者などは笑ってしまうのだ。この場合のアオサギは、何らかの象徴的な意味を持たされたというより、場違いな組合せによって受け手に驚きを与えるデペイズマン効果の追求に用いられたのだろう。これに最も近いものをヨーロッパのシュルレアリスム芸術に探すと、文学よりむしろ絵画芸術にあった。マックス・エルンストのコラージュ・ロマン「慈善週間または七大元素」(1934年)は、文章が皆無に近く、既成の挿絵を切り取って貼り合わせ、読む(見る)ものの想像性にストーリーを任せた「小説」だが、その中の「第4のノート　水曜日」(その冒頭には「元素――血　例――オイディプース」と書かれている)は、ヒトでなくさまざまな鳥類の頭部を持つ人物たちが主人公である。その一枚に、アオサギの頭と頸を持ったサーカスの女性がムチを手にしており、その前で別の女性がムチを避けようと身をよじっている絵が載っている(巌谷國士訳、1997年)。この超現実性には誰も文句がないだろう。

話の本筋に戻る。「憂鬱で不気味な」アオサギ像は西欧文学には登場しない。問題はこれなのだ。ではなぜ、日本に独自の「憂鬱で不気味な」アオサギ像が文学中に現れるのか?次にはそれを考察する。

5　萩原朔太郎と「憂鬱な青」

萩原朔太郎の『青猫』

英・仏文学には出てこない「憂鬱で不気味な」アオサギ像が、日本文学中に時おり出現することの根拠はどこにあるのか。

ヒントは意外なところにあった。萩原朔太郎である。朔太郎は詩集『青猫』（1923年）の自序で、自身の詩のことを「生活の沼地に鳴く青鷺の聲であり、月夜の葦に暗くささやく風の音である」と語っている。これを知ってさっそく朔太郎の詩群をあたってみた。朔太郎の詩には荒涼とした湿地や川辺がしばしば詠いこまれており、こういう場所にアオサギは似つかわしいうえ、「ギャー」と鳴くアオサギの声は大方の人には決して愉快で陽性のものではない。自分の詩を「アオサギの声」というのは、いかにも朔太郎らしいではないか。ところが期待は裏切られた。朔太郎の詩にはアオサギはおろか、サギ自体が見当たらない。しかし、だからこそ、自然嫌い・田舎嫌いの朔太郎が自分の詩を「沼地に鳴くアオサギの声」と言っていることの意味は大きいように思えてくる。

いったい、朔太郎は「アオサギの声」という形容で何を表現したかったのか？　このヒントも本人が後年に別の箇所で述べていた。

「著者の表象した語意によれば、『青猫』の『青』は英語のBlueを意味してゐるのである。即ち『希望なき』『憂鬱なる』『疲労せる』等の語意を含む言葉として使用した」（『定本　青猫』1936年、自序）。なお、朔太郎はこの中で蔵原伸二郎を高く評価している。

朔太郎の「青」好きは顕著で、こころみに詩集『月に吠える』（1917年）や『青猫』をパラパラとめくれば、いたるところに「青」が出現し、頻出する「情」「清」「晴」などの漢字群が視覚的な「青」を増殖させており、彼の初期の詩群はまさしく青の洪水であることがよく分かる（ちなみに、朔太郎の初期詩集に現れる「あお」は、大部分が「蒼」でなく「青」である）。

もちろん、「青」という色の持つ情緒的な意味は一つではない。すがすがしい青空の青もあろう。しかし、青の持つ意味の大きな一つは憂鬱性である。「青は希望のはなれるかたち」とは大手拓次の詩「手の色の相」の一節であり（詩集『藍色の蟇』1936年所収）、小林康夫の言葉を借りれば、「青は、心理的には不安、メランコリー、孤独、憂鬱を示します。ブルーな精神状態を通して世界を見るとき、世界そのものが文字通りブルーとなるのです」（『青の美術史』2003年）。

アオサギの「青」

ここで疑問を感じた方も多いであろう。アオサギの羽色は、若干の青みを帯びてはいても、決して「青」ではない。現代語でも「緑色」の意味で「青色」を使うことがあるのは青信号の例を持ち出すまでもないが、しかし青と緑は隣接した色彩だから、これは納得できないこともない。アオサギの名称の場合とはずいぶん異なる。英語や仏語、さらには独語でも「灰色のサギ」の名称を持つことは先に述べた通りである。それなのになぜアオサギなのか？この答えは簡単である。古語としての「あを」の意味するものは、現代でいう「青色」とは異なって、黒と白の中間色、つまり現代でいう灰色を含む広範囲の色のことである。

再び小林康夫の同書（2003年）から引用すると「古代においてはアカ・アオ・シロ・クロはかならずしも『色』ではなく、明るさの状態を示す言葉であったことは、すでによく知られています。」「アオは、アカ（明）とシロ（顕）を一方に、クロ（暗）を他方の極とした分類に入らない中間的な茫漠（ぼうばく）とした領域を指していたようなのです。」

その痕跡は、ぼんやりした色彩の雲を「青雲（あおくも）」と呼んだり、むしろ黒に近い毛色なのに「青毛の馬」と言ったりすることなど、今もさまざまなところに見ることができる。ニホンカモシカの異称はアオジシである。「しし」は肉の意味で、猪（い）の肉の意味だった「イノシシ」が後に猪自体を指す意味に転じたことはよく知られている。かつて食肉とされたニホンカモシカの場合、体色は濃淡の個体差はあっても「灰色」と呼ぶのが最も妥当で、現在の「青色」ではない。「アオジシ」の名称はアオサギの場合と事情が類似している。

これで分かった。問題はアオサギの「青」なのだ。「灰色のサギ」と名付けられたイギリス・フランスでは「憂鬱」のイメージを持ちえないのも道理である。「青」好きの朔太郎が自分の詩を「げに憂鬱なる、憂鬱なるそれはまた私の叙情詩の主題である」(1923年)と言っていることもうなずける。これで疑問は氷解したかに見える——が、果たしてそうだろうか?

いやいや、問題はそんなに単純なことではない。これを読まれているあなたと同様、筆者自身もそうは思っていない。「憂鬱」(blue)と「不気味」とは、あい通ずる側面はあるが同じものではない。「憂鬱」の由来は分かっても、「不気味」の由来は未だ解明されていない。では「不気味なアオサギ」像はどこからやってくるのか。

結論から先に述べておこう。日本で、アオサギはかつて不気味な妖怪だったのである。詳しくは次の話題としよう。が、その前に少しだけ寄り道をしていきたい。それは「かささぎ」に関する考察である。

6 「かささぎ」とは何か

古文献の「かささぎ」

標準和名カササギ（漢字表記は鵲。学名 *Pica pica*）はカラス科の鳥で、サギとは全く異なる。当然ながら「かささぎ」の出る詩はサギの詩に含めなかった。しかし、古文献や詩に現われるカササギは要注意である。以下、この問題を少し紙面をとって考察してみよう。

イギリスやフランスでは都会の公園や郊外で普通に見られ、中国や朝鮮半島にも生息するこの鳥も、日本では主に九州北部の平地にだけ住みついており、それは400年ほど前に大陸から移入されたものの子孫だろうと考えられている。その他の地方ではたまに目撃される程度だった（近年には繁殖した例もある）。江戸後期に平戸藩主の松浦静山（まつらせいざん）が著した膨大な随筆集『甲子夜話（かっしやわ）』には、「予毎歳に肥筑の間を往来す。然（しかる）に佐嘉（さが）より神崎までの間に奇（くす）しき鳥あり。外にては希（まれ）にも不見。其形嘴尖（とが）り、頭小く、尾長く、首長共に黒く、翅と脊とに白色あり。鳩よりは余ほど大きく、鴉よりは小くして、全体は鴉に似たり。俗に呼て肥前がらすと云。これ他国に無きに因ての称なり」（中村幸彦・中野三敏校訂『甲子夜話2』1977

年）とある。生息地が限られたまま長年にわたって推移したことは興味深い。

しかし、カササギは舶載されて古くに本朝に持ち込まれていた。『日本書紀』には、推古天皇の六年（598年）に「夏四月、難波吉士磐金は新羅から帰って、鵲二羽をたてまつった。それを難波杜に放し飼いにさせた。これが木の枝に巣をつくりひなをかえした」とある（宇治谷孟『全現代語訳日本書紀』1988年）。さらに、『播磨国風土記』（八世紀前半）には讃容郡の船引山（兵庫県佐用郡佐用町の三方里山に比定されている）の記述に「この山に鵲が住んでいる。あるいは韓国の鳥といっている。枯木の穴に栖み、春時には見かけるが夏はみえない」（吉野裕訳『風土記』2000年）と書かれている。この二点ほかの史料群から、梶島孝雄は『資料　日本動物史』（1997年）の中で、移入されたカササギの子孫は畿内に生息していたが、後の時代には見られなくなったものと推測している（播磨国は畿内には含めないがそれに隣接している）。

「寒き洲崎に立てるかささぎ」

以上のような経緯があるので、古名や地方名にある「かささぎ」が現在のカササギかどうかは結構な難問である。問題をいっそう複雑にしているのは、カササギは漢詩文でしばしば詠まれる鳥なので、本朝では実体をよく知らないままに名前が独り歩きをした可能性である。

『源氏物語』の「浮舟」の帖には「寒き洲崎に立てるかささぎの姿も所からいとおかしう見ゆるに」とある。「浮舟」とは宇治十帖のヒロインの名で、この一節は、宇治にすむ浮舟のもとに薫大将がやってきて、一緒に外の景色を見ている場面である。さて、果たしてこれはカラス科のカササギだろうか？

たいていの古語辞典には「かささぎ」の用例として「浮舟」の文が引用されているが、その鳥類学的解釈は辞典によって違いがある。カラス科のカササギとするもの（三省堂『例解古語辞典　第三版』１９９２年）もあれば、今のアオサギとするもの（三省堂『新明解古語辞典　第二版』１９７７年）、今のチュウサギとするもの（小学館『古語大辞典』１９８３年）、コサギまたはアオサギと考えられるとするもの（角川学芸出版『古典基礎語辞典　第四版』２０１２年、角川学芸出版『角川古語大辞典』１９８２年）など一貫していない。

鳥類・生物学関連の書籍では、「浮舟のかささぎ」はどう扱われているだろう。奈良時代から明治時代までの文献を博捜した大部の著作『図説　日本鳥名由来辞典』（菅原浩・柿澤亮三編著、１９９３年）には、古文献の「かささぎ」が表す鳥種を3種示している。第一はカラス科のカササギで、第二はアマサギである。第三番目がアオサギで、その例として「浮舟のかささぎ」が引かれている（但し疑問符がついている）。「もしアオサギとするならばアオサギの頭部の長い飾羽を笠とみて、笠鷺と呼んだのであろうか」と編著者らは書いているが、

カササギ。ロンドン市内。2014年9月撮影。

このほかにアオサギの異称としてのカササギは文献を挙げていない。江戸時代に堅田藩のち佐野藩主だった堀田正敦が著した『観文禽譜』（1831［天保2］年に完成）を元にした復刻版『江戸鳥類大図鑑』（鈴木道男編著、2006年）では、「かささぎ」の名で描かれているのは全てカラス科のカササギで、アオサギの異称としては「ミトサギ」の他、石見地方の「ナツガン」を挙げるだけで、やはりカササギは掲載されていない。

先述した梶島孝雄の『資料　日本動物史』（1997年）では、「かささぎ」について古文献を広く当たっているが、「かささぎ＝サギ」説は述べられていない。この著作中で『源氏物語』は各所に引用されているが、意外なことに「浮舟のかささぎ」には言及がない。あるいは慎重に判断を避けたようにも見える。

最後に、『源氏物語』の現代語訳者たちは、「浮舟のかささぎ」をどう訳したかを見てみよう。与謝野晶子による現代語訳（1933～34年）では「寒い洲崎（すさき）のほうに鷺（さぎ）の立っている姿」とあって明確にサギと解されており、瀬戸内寂聴の現代語訳（講談社文庫版、2007年）でも同様に「鷺」である。ところが林望の『謹訳　源氏物語』（2010～13年）では「笠鷺」となっていて生物学的な判断を避けていると思われ、現代語訳には苦労したことがうかがわれる。

筆者の考えは次のとおりである。まず、カラス科のカササギに「寒き洲崎に立てる」はそぐわない。この「かささぎ」は、頭の冠羽を笠に見立てたサギだろう。チュウサギに冠羽はないし、該当するのはアオサギかコサギである。さてどちらがふさわしいだろうか。この場面、時節は冬で月のかかる夕方のことである。それなら、厳密に昼行性のコサギよりも、夜でも活動することのあるアオサギの方がもっともらしく思える。

この一節、原文は漢字でなくかな書きである。だから、そもそも「笠鷺」でもないのだ。これが踏まえているのは『和漢朗詠集』（藤原公任撰。1018［寛仁2］年ごろ成立）にも採られている晩唐の文人張読の詩「蒼茫霧雨之晴初。寒汀鷺立。重畳煙嵐之断処。晩寺僧帰」

（蒼茫(そうぼう)たる霧雨(むう)の晴(は)るる初(はじ)め、寒汀(かんてい)に鷺立(さぎた)てり。重畳(ちょうぢゃう)たる煙嵐(えんらん)の断(た)ゆる処(ところ)、晩寺僧帰(ばんじそうかへ)る）だという（弘前大学教育学部の吉田比呂子教授のご教示による）。

してみると、「浮舟のかささぎ」もカラス科のカササギ（鵲）でなくサギ（鷺）であることは間違いない。だが、これ以上の詮索は筆者にはためらわれる。『源氏物語』のわずか一行のことなのに、はるばる遠くまで来てしまったようだ。

詩に現われるカササギ

「カササギ」については、さらに次の詩を見ていただきたい。

「その巨大な筏は／浮島のように陸をはなれて／あてなく深夜の海上を漂流しているのだ。／禿山も見える。／白いかささぎが舞っている。」

これは小野十三郎(とおざぶろう)の詩「舟幽霊」の最後の部分である（詩集『火を呑む欅（けやき）』1952年所収）。詩の世界は現実の光景ではない。しかし、「だから何でもあり」というものでもなかろう。筆者が思い描いたのは「白いクロサギ」の姿である。「白いクロサギ」とは妙だが、クロサギ（漢字表記で黒鷺。学名 *Egretta sacra*）とはコサギに比較的近縁で、海岸、それも砂浜でなく岩礁に生息して主に魚を獲るサギである。日本で目にすることが多いのは、名前の通り羽色の黒いタイプだが、南方に行くほど羽色の白いタイプの割合が増え、琉球諸島では普

郵 便 は が き

料金受取人払郵便

神田局
承認

2625

差出有効期間
平成29年10月
31日まで

101－8791

507

東京都千代田区西神田
2-5-11出版輸送ビル2F

㈱花 伝 社 行

ふりがな お名前 お電話
ご住所（〒　　　　　　） （送り先）

◎新しい読者をご紹介ください。

ふりがな お名前 お電話
ご住所（〒　　　　　　） （送り先）

愛読者カード

このたびは小社の本をお買い上げ頂き、ありがとうございます。今後の企画の参考とさせて頂きますのでお手数ですが、ご記入の上お送り下さい。

書 名

本書についてのご感想をお聞かせ下さい。また、今後の出版物についてのご意見などを、お寄せ下さい。

◎購読注文書◎

ご注文日　　年　月　日

書　名	冊　数

代金は本の発送の際、振替用紙を同封いたしますので、それでお支払い下さい。（2冊以上送料無料）

なおご注文は　FAX　03-3239-8272　または
メール　kadensha@muf.biglobe.ne.jp
でも受け付けております。

通となる。想像をかきたてる詩だが、もちろんこれも「サギの詩」には含めていない。

「カササギ」に関してもう一つ。1934年に神保光太郎が書いた長めの詩「笠鷺と旗と」（詩集『鳥』1939年所収）から部分を次に引用する。

「その春　未だ　雪の消えやらぬ生れ故郷の山山に別れて　この都会に入つてきた」。詩人そのひとは山形市の出身である。「ひとにだまされつづけた」「私」は「泥々の坂をのぼつて」「行きつくところはきまつてゐた」。そこは「エレベーターで昇りきつた高い建物の屋上」で、「そこに小遊園があり　旗がなびき　水禽達がうたつてゐた」。そこには「（枯木のやうな鳥）私がひとりかう呼んでゐた一群の笠鷺（かささぎ）がゐた」。「私」はこの鳥たちに自分を重ねて、「この凍つた雨風に　ぢつとたたずんでゐる私の愛する枯木達」に呼びかけるのだ。

さて詩中の「笠鷺」はカラス科のカササギだろうか？　そのように解した注釈（秋谷豊、1969年）もあるが、とてもそうとは思えない。じっとたたずむ「枯木のような鳥」がそうであるはずがない。もしカラス科のカササギなら、詩人は漢字で「笠鷺」でなく「鵲」と書いたであろう。これはサギなのだ。中でもアオサギこそがイメージにふさわしいと筆者は思うのである。残念ながらこれもサギの詩には含めなかった。

「笠鷺と旗と」には萩原朔太郎による評がある（文芸誌『四季』第51号1940年所収）。朔太郎は、神保光太郎の詩精神には「東北人に共通する孤高さがある」と高く評価し、「この孤高さが、彼を孤獨な『笠鷺』にして居るのである」と断定する。うら悲しい「都会の漂泊者」の姿が投影された詩に、朔太郎は自身の影を見たのではないか（上記の「孤獨」「都会」は原文ではそれぞれ「孤濁」「都合」である。いずれも誤植と解しておく）。

第Ⅱ部　妖怪アオサギ——日本人にとってのサギ——

1　かつてアオサギは妖怪だった

江戸時代の「妖怪アオサギ」

江戸時代は妖怪の時代であった。いや、怪しげな人物がヒトの世界に跳梁跋扈していたという比喩ではなくて本当に。この時代、さまざまな妖怪モノの出版物が刊行された。絵では、まず鳥山石燕の『画図百鬼夜行（読みは「がずひゃっきやこう／えずひゃっきやぎょう」など一定しない）』（1776［安永5］年）とその続編『今昔画図続百鬼』（1779［安永8］年）、続々編『今昔百鬼拾遺』（1781［天明元年］）などが代表格だろう。そこに描かれた妖怪たちの多くは現代人にはなじみの薄いものだが、「河童」や「人魚」などは今も高い知名度を誇っている。

『今昔画図続百鬼』の中に、「青鷺火」と題して、樹上に止まったアオサギが全身から何やら妖しい光を放っている様子が描かれており、「青鷺の年を経しは、夜飛ときはかならず其羽ひかるもの也。目の光に映じ、觜とがりてすさまじきと也」と説明書きが付いている（図1）。また、恋川春町の戯作『妖怪仕内評判記（ばけものしうちひょうばんき）』（1777［安永6］

年）はさまざまな妖怪の化け比べを並べたものである。その中に、頭部がなく代わりに火が燃えさかり、腹にじかに顔のついた化け物アオサギが舌を出して人を脅かす様が描かれており、この化け物の背後には、冠羽もあって幾分まともな姿のアオサギが付き従っている（図

図１　鳥山石燕『今昔画図続百鬼』より「青鷺火」。東北大学附属図書館蔵。

2）。「これは夜、往来の人を驚かすばかりなれど、さてさて気味の悪き光り物なり」との説明も付いている。このような「化け物尽くし」は当時の読者をおおいに楽しませたに違いない。

アオサギに限らず「サギの化け物」は江戸時代の戯作にはなくてはならないキャラクタだったようで、多くの戯作者が作中に登場させている。富川房信の『化物親玉尽』（1772年）、伊庭可笑の『化物仲間別』（1783年）、十返舎一九の『化物見越松』（1797年）、晋米斎玉粒の『化物念代記』（1819年）などなど。たいていは脇役にもならない端役としてであるが、登場頻度は低くない。

もっとシリアスな「妖怪アオサギ」は、絵よりむしろ文章中に求められる。例を紹介しよう。俳人で仮名草子作者でもあった山岡元隣の『古今百物語評判』（十七世紀後半）には、「また只今にいたりて、其の物に似たりし光り物有るは、疑ふらくは青鷺なるべし。其の仔細は、江州高島の郡などに、別してあるよしを申し侍る。青鷺の年を経しは、夜、飛ぶときは、必ず其の羽根ひかり候ふ故、目のひかりと相応じ、くちばしとがりてすさまじく見ゆる事、度々なりと申しき。されば其のひかり物も、今に至りて見ゆるは、青鷺にや侍らむ」とある。なお、江州高島郡は滋賀県の北西部に相当する。

同じく十七世紀後半の『諸国百物語』（作者不詳）には、「斬られて、たうど落ちたる所を、つづけさまに二刀さし、『化け物しとめたり。出あへ出あへ』と、呼ばはりければ、あたりの人々、松明をとぼし、立ちより見ければ、大きなる五位鷺にて有りけるとなり。由なき物に怖れたりとて、人々大笑ひして帰りけるとぞ」と書かれている。

もう一つ。菊岡沾涼の随筆『諸国里人談』（十八世紀前半）には、河内の国平岡（現在の東

図２　恋川春町『妖怪仕内評判記』（国立国会図書館蔵）のアオサギ妖怪。アダム・カバット『大江戸化物細見』（2000 年）による。

大阪市枚岡で、生駒山地の山麓にあたる）で、雨夜に現れた一尺ばかりの火の玉（「姥火（うばがひ）」）の正体がゴイサギであったことが書かれている。

さらに、怪異譚の聞き書き随筆『耳袋（または耳嚢）』（根岸鎮衛（やすもり）、十八世紀後半から十九世紀前半）には「文化二〔1805〕年の秋の事なり。四ッ谷のもの夜中用事ありて通行せし道筋に、白き装束なせし者先へ立ちて行くゆえ、様子を見しに、腰より下は見えず。幽霊とかいうものにやと、跡をつけて行きしが、ふりかえりたりし貌（かお）大きなる眼ひとつ光りぬれば、抜打ちに切付けしに、きゃっというて倒れし。取っておさえ差殺し見しに、大なるごい鷺なれば、やがてかつぎ帰り、若き友だち打寄りて調味してける」とある。この武勇伝的な内容は、佐渡奉行・勘定奉行・南町奉行を歴任した鎮衛がいかにも書きそうな逸話である。

あれ？　アオサギだけでなくゴイサギの話が混じっているではないか。不審に思われた方も多いだろうが、その理由は後回しにしておこう。これらの怪異譚からは、江戸時代、アオサギとゴイサギとが妖怪扱いされていたことと同時に、妖怪の正体が恐れるに足らない動物であることを見極めようとする合理的精神を見てとれる。右に紹介した随筆集でなく、百科事典ともなるとさらに合理的精神は徹底している。たとえば『本朝食鑑』（人見必大、1697〔元禄10〕年）には「凡そ五位鷺は、夜に飛行するとき、火のような光があり、月夜には最も明るい。あるいは、大きなものが岸辺に立てば巨人のようで、もし人がそれとよく識らずに遇えば妖怪だと思って驚懼(きょうく)して斃(たお)れる。これは、五位鷺が妖怪なのではなく、人が驚いて妖とするのである」とあって、「巨人のようで」はともかく、ゴイサギを妖怪とするのは人の側の問題なのだというのは、まことに正しい。

実際、「妖怪アオサギ」「妖怪ゴイサギ」のやることは、せいぜい夜に光って人を驚かす程度であり、動物妖怪の代表格たるキツネ・タヌキ・ネコの変身能力や人語を発する能力など、ハイレベルの妖力に比べるとパワー不足は否めない。しかし本来光るはずのないアオサギが、夜に光って飛ぶとはどういうことか。

たとえば次の説明はどうだろう。サギが捕食するのは生魚だけに限らず、死んだ魚もとることがある。また淡水だけでなく海産の魚もとっている。魚を巣に運ぶときは、同じく魚食性のカワセミやカイツブリのように一つひとつクチバシにくわえて運ぶのでなく、食道にため込んだまま飛翔し、巣に着いてからまとめて吐き出すのだが、飛行中に妨害を受けると容易に獲物を吐き出してしまう。数年前、「路上に散乱したオタマジャクシやドジョウの謎」が世間でちょっとした話題になったのを記憶されている方も多いのではないか。信憑性の高い説明の一つが「飛行中のサギの吐き落とし」であった。すると捕食した魚に発光バクテリアが取り付いていた可能性はどうだろうか？

しかし筆者はそのような実例を見聞きしたことがない。それに、もしサギが驚いて魚を吐き出したのなら、人がサギを脅かしたのだから、これでは話が逆だ。そこで、むしろ夜間に飛翔するサギの白い腹が下から見るとよく目立つのを、光ると思われたのではないだろうか。ありそうもない憶測ならいくらでも可能だが、憶測は憶測にとどめておこう。

泉鏡花の妖怪アオサギ

「火を吐く妖怪アオサギ」像は、時代を越えて明治にまで引き継がれた。泉鏡花はシラサギ好きの作家で、『白鷺』（1909年）、「鷭狩」（1923年）、「神鷺之巻」（1933年）などなど、作品中にしばしば登場させているが、その場合シラサギは必ず美女の化身か譬えである。表題もそのまま『白鷺』という小説では、亡霊となって登場する薄幸のヒロインをシラサギに譬えているのだが、作中人物の会話中にはゴイサギも出てくる。

「五位鷺だか嬰児の夜啼だか、時々、可厭な声で、ぎやあぎやあ啼くくらゐなもんです。」

同じサギ類でも扱いの違いはかくも大きい。鏡花にとっては、ゴイサギが「ギャアギャアといやな声の持ち主」程度なのに、シラサギはこの世のものでないくらいに美しいのだ。その鏡花はアオサギについても短編「鷺の灯」（1903年）中で登場人物にこう語らせている。

「何奴も、年功を経て居りまするゆゑ、日中は寂寞、羽音もさせず、潜んで居まして、夜に入つてから暗中を、ぎやつと言うては口から吐き出す呼吸を燃いて其の灯で、何と、鰻を鵜呑（うのみ）。」

なんと、泉鏡花によるアオサギの扱いはゴイサギ以下である。シラサギの扱いとの落差は、あまりといえばあまりではないか。「鬼神力」の存在を信じ、「世にいわゆる妖怪変化の類（たぐい）は、すべてこれ鬼神力の具体的現前に外ならぬ」（「おばけずきのいわれ少々と処女作」１９０７年）と語った鏡花は、幼少のころから江戸の草双紙に親しんだというが、そのことが「妖怪アオサギ」の登場に反映されているのではないかと筆者には思われる。ついでだが、上に引用した文章からは、どうやら鏡花がアオサギは夜行性だと考えていたと知れる。この誤解については次に取り上げよう。

なぜアオサギは、かつて妖怪扱いされていたのか？　筆者の考えではそこに四つの要因を指摘できる。これから順次それらを紹介していこう。

2　夜にも活動すること

アオサギの夜間活動性

「二人〔オデュッセウスとディオメデス〕は物々しい武具に身を固めると、他の将領たちをその場に残して出発した。この時パラス・アテナイエは、二人の右手、道のすぐ傍らに一羽の青鷺を飛ばした。暗夜のこととて、鳥の姿は二人の目には映らなかったものの、その啼き声は聞えた。オデュッセウスはこの予兆を喜び、アテナに祈っていうには、（以下略）」。

これはホメロスの『イリアス』（松平千秋訳、1992年）の一節である。ここでの「青鷺」が現代のそれに該当するかどうかは必ずしも明らかでないが、そうであっても不思議はない。アオサギが妖怪扱いされるに至った四つの要因のうち一番目は、夜も活動することである。誤解のないよう大急ぎで断っておくが、アオサギは決して夜行性ではない。夜にもいくぶんは活動するという程度のことである。この点、純粋に昼行性で夜は活動しないシラサギ類とは異なる。

夜間の活動のうちには、エサを獲ることも、移動のために飛ぶことも含まれる。まず夜間にも採餌することから述べておこう。以前に筆者がむつ市の芦崎(あしざき)湾で、魚を獲りに湾内にやってくるアオサギの個体数をカウントしたことは前に述べた。芦崎湾の潮汐はそれほど大きくはなく、潮位差は大潮時でも70センチメートル程度だが、遠浅なので干潮時には干潟が広がる。主に砂底の湾内にはアマモ場があり、アマモの間にはさまざまな魚が生息する。

ここには、秋の渡りの時期に多数のアオサギがやってきて、湾内でマハゼの幼魚やビリンゴといったハゼ類や、細長い体型のタケギンポなどの底生魚を獲っていた。昼間のカウントには双眼鏡やフィールドスコープ（バードウォッチャーお気に入りの望遠鏡）を使ったが、問題は夜である。遠方のアオサギはとても夜には見えないだろうと思い、微弱な光を増幅して明るく見せる暗視スコープも用意した。しかし実際にやってみると、意外にもむしろ普通にフィールドスコープをのぞくほうが分かり易かった記憶がある。波のない穏やかな湾内では、暗い水面からにょっきりと立つアオサギの白っぽい姿は、遠くても夜目にそれと分かるものだった。

調査の結果、アオサギが湾内にやってきてエサをとる活動は、明暗よりもむしろ潮汐の干満に関係の深いことが分かった（図3、Sawara et al. 1990）。つまり、潮が引いて水位が低くなってくると、昼夜を問わず多数のアオサギが現れるのだ。個体数は季節によっても異なるが、広くもない湾内に数十羽、時には三ケタに上るアオサギが棒杭のように突っ立ち、時おり首を水面に突っ込んでは小魚をとっている秋の光景は壮観でさえある。それが、潮が満ちてきて水位が高くなると、アオサギたちは湾内から姿を消してしまい、河川・湖沼・水路など別のエサ場へ飛んでいくか、岸辺や樹上で休息の体勢に入るのである。

このように、潮汐のある場所でのアオサギの採餌活動が潮汐と強く関係することは、遠く離れたイギリスのウェールズの河口でも同じであったし（Sawara 1997）、スコットランドの河口での冬季の観察報告（Richner 1984）でも、北海道の野付湾で観察した松長克利さんの報

芦崎湾で採餌するアオサギたち。撮影時は下げ潮であった。2015年9月撮影。

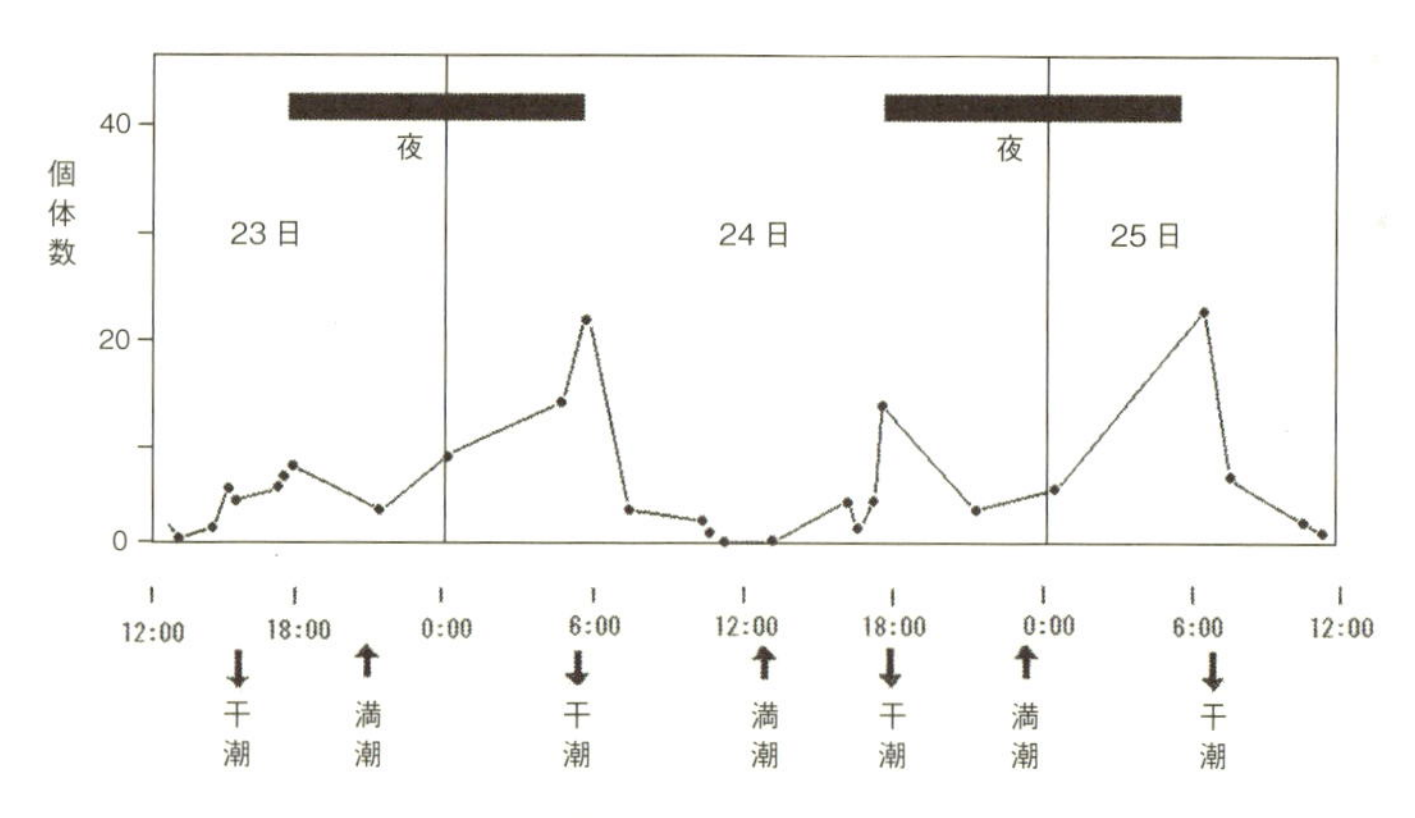

図3　芦崎湾の潮汐と採餌個体数との関係。グラフ上部の横棒は夜間を表し、下部の矢印は上向きが満潮、下向きが干潮の時刻を示す。1989年9月23日から25日で小潮だった。夜間でも下げ潮から干潮時には多くの個体が湾内にやってきて採餌する。Sawara et al.(1990) の図を改変。

告（Matsunaga 2000）でも同様であった。

アオサギが夜にもエサをとるといっても、働かせるのはやはり視覚である。リッチナーの論文（１９８４年）中には、夜間に道路の照明灯を利用してエサをとる個体の例が紹介されている。筆者たちが芦崎湾で見ていたさいも、月明かりや街明かりによって夜の湾内も案外に明るいものだと実感した覚えがある。この点で、夜間の採餌にクチバシの触覚を働かせるヘラサギや、嗅覚に頼るキーウィ、聴覚を駆使するフクロウなどの鳥類とは異なっている。それにしても、暗い中で水面の上から魚を——それも水中に浮いている魚でなく、ハゼ類やタケギンポのような底生魚を——見つけて獲るのは凄い技だと感心せざるを得ない。

夜の活動には、飛ぶこともももちろん含まれる。近年にも筆者は青森県内の河口で魚の終日調査を行ったことが何度かあるが、夜間の調査中に、近くから飛び立つアオサギのギャーという鳴き声に遭遇することがあった。このような声は昔の人々には恐ろしいものに聞こえただろう。中村禎里の言葉を借りると、「一般に、水平的に伝わってくる怪音より、頭上から響いてくる怪音のほうが、人びとに心理的な脅威感を与えます」（『動物妖怪談』２０００年）。たしかに、夜間に上空からくるアオサギの声は不気味だったに違いない。

繰り返すが、アオサギは決して夜行性ではない。それがたとえば「喬はそんななかで青鷺（あおさぎ）のように昼は寝ていた。眼が覚めては遠くに学校の鐘を聞いた。そして夜、人びとが寝静まった頃この窓へ来てそとを眺めるのだった」（梶井基次郎「ある心の風景」１９２６年）のような、あたかも夜行性であるかのごとき誤解を生み出すことになった背景には、別の事情の関与が指摘できる。すなわちゴイサギとの混同である。次には、アオサギが妖怪とされた二番目の要因、ゴイサギとの混同について述べる。

3　アオサギはゴイサギと混同されていた

改めてゴイサギを紹介する

これは歴史的に根の深い問題なので、少し多めに紙面をとって述べておきたい。まずは改めてゴイサギを紹介しよう。

本書では、南仏プロヴァンス地方のゴイサギについてはすでに簡単に述べた（第Ⅰ部３）。ゴイサギの分布は広く、ユーラシアからアフリカ、さらに亜種は異なるが新大陸にも生息する。ハワイ諸島にも分布するが、オーストラリアには生息せず、近縁種のハシブトゴイ（漢字表記は嘴太五位。学名 *Nycticorax caledonicus*）がこれに替わる。ハシブトゴイは日本では絶滅種で、かつて小笠原諸島に生息していたが、明治期に姿を消したらしい。

ゴイサギは日本国内では主に本州以南で繁殖するが、近年には北海道でも少数が繁殖している事例が報告されている（林ほか、２０１０年）。青森県では夏鳥で、河川敷などの樹林で繁殖を終えたのち、９月から10月にかけて南へ戻っていくが、ごく少数が越冬している。近年、個体数が減少しているらしいとささやかれているが、繁殖期に水田で目にすることは珍しくない。日本人にはなじみ深い鳥であるといえよう。ところが、ヨーロッパでは本種の分布域は限られ、イギリスでは繁殖していないし、フランスでは個体数も多くなく、分布もほぼ南仏に限られている。

ゴイサギは夜間に活動するサギの代表である。その学名が *Nycticorax nycticorax* であることは第Ⅰ部3で述べたが、*Nycticorax* は「夜のカラス」を意味する。後述するように昼間も活動するが、基本的に夜行性の鳥である。時々「クワッ」と鳴きながら夜空を飛んでいくといえば、あれかと思い当たる人も多いだろう。このときの鳴き声はちょっとカラスに似ていなくもない。地方名で「夜ガラス」と称されているのもうなずける。成鳥は頭と背が黒く腹が白いのに対し、幼鳥の羽色は褐色が基本で白斑があり、俗にホシゴイと呼ばれる。アオサギより小型でずんぐりした体型を持つ。成鳥の頭部には三本の白く長い冠羽があり、これがチャームポイントになっているが、必ずしも三本がそろって伸びているわけではない。冠羽も換羽するので、タイミングによって二本だけや一本だけの個体も見られる。以前に弘前市の市街地を流れる小さな川の堰堤に、繁殖期に毎日やって来る成鳥がいたが、これは頭部に冠羽が一本もなくて、何となく間の抜けた感じで愛嬌たっぷりだった。

アオサギとは体型もサイズも異なるが、頸を折り曲げて脚をだらりとしつつ飛ぶさまは、やはりサギの一員である。集団で樹上で繁殖することもアオサギと共通しているが、アオサギのコロニーが平野部だけでなく、低山に作られることも多いのに対し、ゴイサギのコロニーはほとんどが平野部の中か周縁に限られる傾向があるようだ。コロニーはゴイサギ単独のこともあれば、アオサギやシラサギ類、ときにカワウが参加した混合コロニーのこともある。

ゴイサギの現れる詩

前述したように、ゴイサギはときに詩にも詠われている。たとえば次は竹内勝太郎の、表題も「五位鷺」という詩の終わりの部分。

「聞け。そは失われたる愛の亡魂(なきたま)か。／咽喉(のど)も裂けよとばかり五位鷺の／叫びて過ぐる夕空に見え出づる新月」(未刊詩篇、推定1916年作)。

これは日没頃に採餌に出かけるゴイサギの姿であろう。ゴイサギの「クワッ」の声を「のども裂けよとばかり叫びて」と形容するのは大げさな感もあるが、たしかに人ならのどを痛めそうなしわがれ声なのは本当である。

次は三好達治の「日が落ちて」の、やはり最後の部分である。

「風が出た／星をかすめて／かうもりが／また五位（ごゐ）さぎが／みみづくが／幕（まく）をかかげて／出てまゐる」（『拾遺詩篇』１９６７年所収）。

これもゴイサギの夜行性が現れた詩といえよう。

中には、読めば明らかにゴイサギだが、明記されてない場合もある。近衛直麿の詩「鷺の一聲」については先に紹介した。次は宮澤賢治の「業の花びら」（異稿、作品第３１４番）の一節である。

「……遠くでさぎが鳴いてゐる／夜どほし赤い眼を燃して／つめたい沼に立ち通すのか……」

シラサギ類やアオサギとは違ってゴイサギ成鳥の眼（虹彩）は赤い。眼の赤い鳥類は他にもけっこうあって、水鳥では、オオバンやカイツブリ（ただしヨーロッパ産の亜種。日本産亜種では黄色）もそうである。これは夜行性活動とは特に関係なさそうだ。「赤い眼」、そして夜に水辺にやって来ること。「業の花びら」のサギは紛れもなくゴイサギである。

ゴイサギが昼も活動するとき

基本的に夜行性のゴイサギが昼にも採餌活動を行う場合が、季節的に三つある。第一に、繁殖期にはヒナたちがエサを盛んに要求し、この時期の親鳥は昼間も採餌に出かけていく。主な採餌場は水田や河川、溜池であり、干潟のように広く開けた場所に現れることは、皆無ではないがアオサギよりは稀である。水田では主食のドジョウなど魚類のほか、カエル類（オタマジャクシも含めて）やガムシ・コオイムシなど大型の水生昆虫をとっている。一方、河川では堰堤の下などに陣取って、ウグイやオイカワなどが遡上するのを待ち伏せているのが見られる。かつて津軽平野のゴイサギの昼夜でのエサ利用を調べたところ、朝方と夕方とでコロニーからの飛出・飛来方向の分布が異なることと、朝方と夕方とではコロニー下の吐き落し内容も違っていたこととから、夜には水田で夜行性魚類のドジョウを主に利用し、昼には河川で昼行性魚類のウグイなどをとることが相対的に多いことが分かった（遠藤・佐原、2000年）。

ゴイサギは獲物を足で追い出す等はせず、待ち伏せあるいは「ゆっくり歩く」やり方で獲物を見つけて捕らえるが、これはアオサギと同様で、コサギなどとは異なる。したがってゴイサギにとって、エサ動物自体が活動的かどうかは、発見し易さ・捕らえ易さに直結するだろう。エサ動物が夜行性か昼行性かに対応して、ゴイサギが夜と昼とで採餌場をスイッチすることはじつに合理的なことである。以前に、繁殖期に捕獲したゴイサギに電波発信機を装着し、日周期活動を調べたことがある（Endo et al. 2006）。育雛も後期になれば、親鳥は巣に就いておらず、帰巣して給餌を終えるとまたすぐに出かけて行ってしまう。食欲旺盛なヒナに給餌するために、昼も夜も巣から出かけては戻る親鳥の毎日は楽ではなかろう。

第二に、巣立ち後の幼鳥は昼でもけっこう採餌を試みている。これは、エサ捕獲の技術が未熟な幼鳥では、夜だけの活動では十分でないためだと思われる。朝方に、池の水際に立って物欲しそうに水面をじっと見つめている幼鳥を見かけると、前夜の採餌成果が足りないままに朝を迎えてしまった個体だろうと思われ、これまた毎日の生活が大変なのだなと同情したくなる。

最後に、冬季の昼間にゴイサギが水辺に現れて採餌を試みていることがある。これもまた、水田からは水がなくなっているうえに、寒冷地ではたいていの水面は結氷して採餌場が限られており、気温と体温の差が大きくてエネルギー必要量が高い冬季には、本来の活動時間帯だけでは十分な成果が得にくいためであろう。

以上三つは季節的なものだが、いずれも、高いエサ必要量を夜間だけでは満たしきれない場合に、採餌時間が夜間をはみ出して日中にまで及ぶという点で共通している。では、もし日中の採餌活動で得られるエサ量が格段に多ければ、その時間帯を利用することはないのだ

釣り人のそばで釣果を待つゴイサギ。熊本市。2007年9月撮影。

ろうか？　じつはそのようなケースがある。
以前に、熊本市の水前寺公園から江津湖（えづこ）へ流れる清流に沿って筆者が朝に散歩していた時、釣り人が釣ったオイカワをゴイサギに投げ与えているのを見ることがあった。ゴイサギは釣り人とは少し距離を置いて釣果を待っていた様子で、投げ与えられたオイカワに早速とびつき、ひったくるように獲物をとっていた。このような「釣り人の近くに立って釣果を待つ」構図は近年アオサギで、特に西日本でしばしば見られているが、ゴイサギでは珍しい。本来の活動時間帯ではないことが珍しいことの理由だろう。いずれにせよ、ゴイサギやアオサギの採餌活動時間帯は相当に融通性が高いと言える。

採餌活動ではないが、ゴイサギが昼間に行う奇妙な活動を紹介しておきたい。弘前市周辺では、四月になって南方から渡ってきたゴイサギたちは、直ちにコロニーに集まるのでなく、いったん小規模なねぐらに分散して落ち着く。この、「春ねぐら」は弘前市では主に住宅街中のちょっとした樹林に作られる。この時期、広葉樹はまだ葉を展開してないので、春ねぐらは針葉樹の中である。以前に春ねぐらを調べて回ったことがあるが、不審者扱いされないよう挙動に注意しながら、人家の庭の木立やアパートわきの木々を覗いてゴイサギを探すのは、ちょっとスリリングな経験だった（それでも、双眼鏡を手にして住宅地を歩き回る筆者は相当に怪しい人物だっただろう）。

日中、とくに午前中にそこから飛び立ったゴイサギたちは、多くて20、30羽程度の小規模な群れを作り、市内や周辺の低空をひらひらと飛び回っている。夜は夜で採餌に出かけるのだし、さすがに昼も夜もぶっ通しでねぐらの外に出ているのではなさそうだ（それでは、そもそもねぐらにならない）。

この奇妙な行動は半月ほど続くが、これにはどんな意味があるのだろう？　その年の繁殖適地を決めるための情報収集行動だろうか。あるいは遅れて渡ってくる個体が加わるように自分たちの存在をアピールしているのだろうか。それは今もなお不明だが、やがて繁殖地の木々が新葉を展開し、ゴイサギの姿があまり目立たず隠れることが可能になる頃には、ゴイサギたちは最終的に繁殖地に落ち着いている。

ゴイサギはじめサギ類の日本での個体数は近代以降に大きく変動した。1960年代の高度経済成長期には残留性の高い農薬使用によって多くの水田の動物が全国的に激減したが、サギ類も例外ではなかった。ドジョウやカエル類などエサ動物の減少に加えて、食物連鎖の上位にあり有毒物質を体内に蓄積しやすいことが災いしたのである。「野田の鷺山」として知られた埼玉県の混合コロニー（1938年に天然記念物、1952年に特別天然記念物に指定）も、青森県津軽平野の猿賀（さるか）神社にあった混合コロニー（1935年に天然記念物指定）もこの時期に壊滅した。この状況を受けて、野田の鷺山も猿賀神社コロニーも同じ1984年に天然記念物指定から解除された。その後10年を経たのち津軽平野のゴイサギの繁殖個体数は徐々に回復し（佐原、1996年）、現在に至っている。

アオサギとの混同

さて本題の、アオサギとの混同問題についてである。古文献に現れる生物の名称が現在の何に対応するのかを調べることは往々にしてむずかしい上、現代の生物学における「種」に必ずしもそのまま対応しているのではないことをまず断っておこう。

アオサギとゴイサギが別物だとは古くから認識されていたようだ。江戸時代になれば、

『本朝食鑑』（人見必大、1697年）や『和漢三才図会』（寺島良安、1713年）ではアオサギとゴイサギは別々の鳥として記述されている。それよりも時代を遡ればどうだろうか。

アオサギは別名「みとさぎ」として、八世紀前半に成立した『風土記』（常陸国逸文）に早くも現れており、一方ゴイサギは十世紀前半に源順（みなもとのしたごう）によって編纂された『和名類聚抄』（わみょうるいじゅしょう）に和名「いひ」（伊微）の名称で登場している。『和名類聚抄』は漢語の単語について、和名の読みを万葉仮名で示している。その中に「鷺」が、和名「さぎ」（佐木）で「色純白」とされているので、シラサギを示すのは明らかである。その一方、鷺とは別に「蒼鷺」が和名「みとさぎ」（美止佐木）として記載されており、漢籍からの引用として「鷺又有一種。相似而小。色青黒。並在水湖間」の説明がついている。何と、シラサギより小さくて青黒いとは？

これはアオサギでなくてゴイサギのことではないのか。これが筆者には気になるところだが決定的なことは分からない。疑問を残したまま、話を次にすすめることにする。

アオサギとゴイサギ、両者の名称も歴史は古いが、混同の歴史もまた長い。尾形光琳の「鳥獣写生図巻」（『彩色　江戸博物学集成』（1994年）中、河野元昭の解説によれば十八世紀前半に描かれたと推定）に描かれているアオサギには「五位鷺」と名称が添えられている。また江戸後期に描かれた竹原春泉の妖怪尽くし『絵本百物語』（1841［天保12］年）には「五位の光」があるが、光を放つサギの姿といい全体の構図といい、前に紹介した鳥山石燕『今昔画図続百鬼』（１７７９年）中の「青鷺火（あをさぎのひ）」に酷似している。必ずしも混同とは言えないが、アオサギとゴイサギとが同様な姿をしていると思われていたのだろう。

一方、図を伴わない文章だけでは両種の明らかな混同を指摘することはむずかしいが、前述したようにアオサギが夜行性（妖怪としては「夜光性？」）だと誤解されてきた大きな要因が、ゴイサギとの混同であることは疑いない。じつは、二十一世紀の現在でもネット上でアオサギとゴイサギの画像を取り違えたブログを時折目にすることがある。体サイズも体型も異なるものがどうして混同されてしまうのか不思議だが、シラサギ類以外のサギで水田で目にするのは、まれにササゴイ（漢字表記で笹五位。学名 *Butorides striata*）とヨシゴイ（漢字表記は葭五位。学名 *Ixobrychus sinensis*）を見かける以外はこの二種だけである。「シラサギではないサギ」で羽色と声が多少は似ているため、ごっちゃにされてしまうのかも知れない。

江戸時代には、アオサギ同様ゴイサギが飛びながら光って人を驚かす妖怪扱いされていたことは先述した。「妖怪」はともかく、「光る」というのは広く信じられていたようで、江戸中期の百科事典といえる『和漢三才図会』（１７１３年）には、ゴイサギ（「鵁鶄」の字が当てられている）の説明に「大体、五位鷺が夜飛ぶと光があって火のようである。月夜には最も明るい。もし五位鷺の大きいものが岸辺に立つと、人が佇立しているようで、これと遇った人は驚いて妖怪だと思うぐらいである」とあり、『本朝食鑑』（１６９７年）の記述内容をほぼ踏襲しているが、この短い文中には興味深い点がある。

まず「月夜には最も明るい」ということから、ゴイサギ自体が光るのでなく、むしろ外光の反射ではないかと思われる。「ゴイサギの光は自ら発したものではない」説に有利な記述と言える。次に、「大きいものが岸辺に立つと、人が佇立しているよう」のくだりである。いくらゴイサギが背伸びしても、「人が佇立」とは大げさすぎる形容ではないか。ここは、ゴイサギでなくアオサギのことではないかと筆者は思うのだが、いかがだろう。

ところで、ゴイサギは漢字で「五位鷺」と書く。「五位」とは位階制度における位だが、この名称の成立には有名な逸話があり、それをめぐってアオサギとの混同の物語がなお続く。それを次に紹介しよう。

「平家物語」のゴイサギ

「五位鷺」の名が『平家物語』に由来することは鳥好きにはよく知られた話である。物語中「朝敵揃」の段に出てくる逸話だが、あるとき天皇（延喜の帝）が神泉苑（しんせんえん）に行幸されたおり、池のほとりに一羽のサギがいるのを見た帝が「あの鳥をとって参れ」と命じたのに応じて蔵人が近づくと、サギは飛び立とうとしたが、「宣旨であるぞ」の言葉に平伏しておとなしく捕まったので、喜んだ帝はサギに五位の位を与え、今後はサギの中の王たるべしと言ったという逸話である。この逸話の重要な要素は「延喜の帝」「神泉苑」「五位」の三つだろう。神泉苑とは、平安京遷都のさいに造営された禁苑（きんえん）で、平安時代には大庭園であったが、江戸時代初期に規模がずっと縮小されている。

いったい、衰弱した個体ならともかく、ゴイサギが人の手で簡単に捕まるものだろうか。その年に巣立ったばかりで動きの鈍い幼鳥なら、あるいは可能かもしれない。またこの時期の幼鳥は昼間も水辺に来て採餌を試みることがあるので、逸話の内容とも符合する。

『平家物語』には多くの異本がある。上記のエピソードは、岩波文庫に採録されている高野本をはじめ複数の本にほぼ同じ形で記述されているものだが、延慶本や長門本では場所が「神泉苑」と示されておらず、「五位を与えた」という話もない。三つの要素のうち二つが欠けているのだ。

興味深いのは、『平家物語』の異本の一つとされる『源平盛衰記』で、これにも五位を与える話はないが、「（延喜の帝は）御宸筆にて鷺羽の上に、汝鳥類の王たるべしと遊ばして、札を付て放たれければ、宣旨蒙たる鳥也とて、人手をかくる事なし。其鳥備中国に飛至て死にけり。鷺森とて今にあり」とあり、これがもし史実ならば日本で標識放鳥されたおそらく最初の鳥ということになる。奇しくも、実際に日本で最初に標識（足環）を付けて放鳥された鳥は１００羽のゴイサギで、それは１９２４年のことであった（松山資郎『野鳥と共に八〇年』1997年）。上記の逸話はまた、「鷺森」という地名の由来譚にもなっている。

漢字はそれ自身が意味をもち、独り歩きを始めてしまうので、漢字地名の解釈には注意を要する。鳥類の名を冠した地名では、たとえば「鶴」は鳥のツルでなく、多くは「水流（つる）」に由来すると指摘されている。しかしサギのコロニーは、ただでさえ目立つうえに主要な餌場の水田地帯の近くにあることが多く、しかも長年にわたってほぼ同じ場所に形成されることが多い。青森県内にも「鷺」のついた地名がいくつかあり、かつて筆者はそれらの場所を訪ねて確かめ歩いたことがある。いずれも平野内の、サギコロニーが現在も存在する近辺であるか、少なくとも地形的にそうであって不自然ではない場所だった。それらは鳥のサギに因む地名だと筆者は考えている（佐原、1996年）。

さて、神泉苑エピソードの主人公は延喜の帝つまり醍醐天皇で、その在位は九世紀末から十世紀前半の三十余年にもわたる。『平家物語』の「朝敵揃」の段の趣旨は、「かつて朝廷の威光はかくも絶大なものであった」ということだから、延喜の帝の事績として挙げるにふさわしい。ところが不思議なことに、江戸時代の百科事典ともいうべき『和漢三才図会』や『本朝食鑑』では、サギに五位を与えたのは醍醐天皇でなく近衛天皇とされている。どうして十二世紀の、17歳で早世し在位短命に終わった天皇の事績に変更されてしまうのか。あるいは、朝廷の威光を高からしめる逸話は、江戸時代には不都合だったからではと筆者は思う

神泉苑。2012 年 3 月撮影。

のだが、いかがだろうか。

『玉藻前物語』のゴイサギ

神泉苑のサギの逸話が現れるのは『平家物語』だけではない。次は『玉藻前（たまものまえ）物語』（1470年の古写本）の一節である。

「むかし、ゑんきの御かとの御事を、うけ給はるに、（中略）いけの、みきわに、あをさきの、いたりける□、六いをめして、かのさき、とりてまいれと、（中略）なんち、とりのなかのわうたるへしとて、五いになして、はなされにけり、それよりして、あをさきをは、五いと申とかや」

えっ？ なんと、五位を与えられてゴイサギとなる前はアオサギだったというのだ！ 類似の内容は奈良絵本の写しとされる『玉藻前』にも書かれている。アオサギとゴイサギの混同の物語は何とも奥深いものだと言わねばなるまい。玉藻前の物語群の存在を教えていただいた吉田比呂子教授にはこの場をお借りして深謝する。

筆者は2012年3月、やっと神泉苑を訪れる機会を得た。神泉苑は二条城のすぐ南に位置する。現在の神泉苑からかつての広大さを偲ぶことはむずかしいが、それでも、広くもない池の傍の木々にゴイサギとアオサギとがそれぞれ少数ながらいたのには驚いた。今もなお、神泉苑はアオサギ・ゴイサギにまつわるエピソードの聖地なのである。

4　日本にはシラサギ類が多かった

アオサギが妖怪とされるに至った第三の要因は、西欧とは違ってシラサギ類が多く生息する日本では、「鷺」の代表の座をシラサギ類に譲らざるを得なかったことである。

北日本にシラサギ類が多くないのは残念だが、車窓から田園風景を眺める楽しみの一つは、水田に彩りを添えるシラサギ類の白い姿を見つけることである。ところが、日本では普通に見られるシラサギ類も西欧では少ない。イギリスでは繁殖しておらず迷鳥として大陸から少数がやってくる程度だし、南仏ではコサギを結構見るものの、フランス北部で見ることはほとんどない。

二十数年前のイギリス滞在中、筆者は秋の週末ごとにウェールズに通って河口でアオサギを観察していた。ある日、そこに珍しくコサギが三羽現れた。現地で親しくなった地元のバードウォッチャーは喜んで「君！　コサギが来ているよ。それも三羽！」と筆者に言ってくれた。それなのに筆者は「これは日本では一番普通にいるサギなんだ」とそっけない返事をしてしまい、彼をがっかりさせたことを今も申し訳なく思っている。

およそ純白なものは美しい。シラサギ類は日本では伝統的に美しいものとして扱われてきた。詩の世界のことはすでに述べた。絵画の分野でも、狩野派や琳派の絵ではしばしば重要な要素となり、また「四季耕作図」の添景などとしても描かれるサギはシラサギである。断っておくが、アオサギやゴイサギが全く描かれなかったわけではもちろんない。その例をあとで見ることにしよう。

シラサギ類の中でも、夏羽では頭に二本の長い冠羽をいただくコサギは特に人気があり、しばしば画題に取り上げられてきた。狩野派でも琳派でも、あるいは浮世絵でも、少し探すと「コサギらしいシラサギ」の絵が見つかる。ただ、鳥の姿が正確に描かれることは滅多になく、冠羽があっても足指が正しくコサギの黄色に描かれていることは少ない。

コサギ。白い冠羽と黄色い足指が特徴。冬季には頭部の冠羽はないが短い蓑羽は残る。この写真では背景にアオサギも参加している。大阪府。2011 年 11 月、中濵翔太撮影。

これが絵でなく詩の世界となれば、コサギを探すのは相当に手間だが、やはり冠羽を手掛かりにすると、次のような例が見つかる。

「白鷺は貴(たふと)くて、／身のほそり煙るなり、／冠毛(かむりげ)の払子(ほっす)曳(ひ)く白、／へうとして、空にあるなり」（北原白秋「白鷺」、詩集『海豹と雲』1929年所収）。

あるいはまた、

「白鷺の羽毛は、力強くあたりを截つて、生気にかがやいてゐる。／帝冠の羽毛は一すぢ、かざりを添へて」（金子光晴「白鷺」、詩集『赤土の家』1919年所収）。

こうして日本では、シラサギ類がサギの代表となり、単に「鷺」といえばシラサギ類を指すことになった。カラスの黒色と対比させて、「烏鷺の争い」といえば囲碁の勝負のことであり、「鷺を烏という」とは見え透いた嘘を言い張ることである。これは、シラサギ類の少ない英・仏で単にheron（héron）といえばアオサギを指すことになったのとは対照的な事情だといえよう。いささか大げさな言い方をすれば、西欧が「アオサギ文化圏」であるのに対して、日本は「シラサギ文化圏」なのであり、それぞれが異なった「アオサギ観」を形成してきたのもうなずける。

しかし、シラサギ類にサギの代表の座を奪われたことがどうして「妖怪アオサギの成立要因」につながるのか。それは四番目の要因と深くかかわる。つまり「サギはかつて穀霊だった」ことである。これは次の話題としよう。

5　水田の鳥、サギ類

水田の動物たち

アオサギが妖怪扱いされるに至った四番目の——そして決定的な——要因は、サギがかつて穀霊（こくれい）であったことである。これは今までに述べてきた他の三つ、つまり「夜間も活動すること」「ゴイサギとの混同」「シラサギ類にサギの代表の座を譲ったこと」などとはかなり異質である。「霊」の文字に少し驚かれた方もあるかも知れない。穀霊の話の前に、水田に住む動物たちについて、少し長くなるが紹介しておこうと思う。

言うまでもなく、水田とは稲作のために人が作り出した場所である。その特徴は、季節的にだけ水を湛えており、そこにイネという抽水植物（根は水底の土中にあり、茎と葉は水上にある植物）が密に生い茂っているということだろう。「季節的にだけ存在し、抽水植物が茂る、人が作り出した浅い水域」が水田である。

北海道などは別として、日本の平野は水田が多くの面積を占めている。水田の始まりが歴史的にどこまで遡れるかはさておき、日本の平野に水田が広がり始めたのは間違いなく弥生時代である。それ以来、平野は次第に水田へと作り変えられてきた。江戸開府のあと十七世紀は新田開発の隆盛期であった（山﨑不二夫『水田ものがたり――縄文時代から現代まで』1996年）。諸国大名は国力を高めるためこぞって新田開発に力を入れ、溜池の築堤や水路の開削が盛んに行われた。青森県の津軽地方では、廻堰大溜池、狄ヶ舘溜池などの大規模な溜池が十七世紀に築堤されている。

では、水田に作り変えられる前の平野はどうだったのだろう。日本の平野は大河川の中・下流の周囲に開けている。山がちな国である日本では、平野は河川が作ったのである。そして河川の両側にはヨシやマコモなどの植物が繁茂する湿地が発達していたに違いない。まさに、日本神話でいう「葦原中国（あしはらのなかつくに）」（ちなみにアシとヨシとは同じもので、標準和名はヨシである）だったのである。こうした湿地は、雪解けや梅雨による増水の時期には浅い水域となったことだろう。つまり「季節的に生じる浅い水域」がそこに出現したのである。湿地は人の手で水田に作り変えられていったが、「季節的に生じる浅くて植物の茂る水域」という性質はそのまま水田に引き継がれた。湿地をすみ場としていた動物たちのうち、多くのものが水田や、水田には付き物の水路・溜池を代替湿地として生き残ることができたのである。

「水田の動物」と言ってもさまざまな動物グループがある。魚ではメダカとドジョウが代表格だろう。さらに、繁殖の際に水田へ遡上するナマズやギンブナなどもある。カエル類ならトノサマガエルとニホンアマガエルが代表的で、水田の近くに緑地があればシュレーゲルアオガエル、溜池が近くならツチガエルもこれに加わる。大型の水生昆虫ではゲンゴロウやガムシなどのコウチュウ類、コオイムシやタガメ・ミズカマキリなどのカメムシ類があるし、巻貝ならマルタニシが典型的な水田の動物と言えよう。甲殻類ならアメリカザリガニも水田の代表的な動物だが、名前で分かるようにこれは外来種である。

筆者が育ったのは神戸市の西の端に近く、自宅付近には水田と溜池が多かったが、その頃は水田にカブトエビが見られた。逆さ姿勢で水面をせわしなく泳ぎ回る3センチメートル程度の小型甲殻類で、捕まえて見ると、かの「カブトガニ」にちょっと似ている。小学生だっ

水田のアオサギ。青森市。2015 年 7 月撮影。

た筆者には不思議感に満ちた生き物だった。その後、見る機会が全くないのは残念である。

水田の鳥、サギ類

さて、それでは「水田の鳥」とはどんなものだろうか。鳥だから魚類やカエル類とは違って水中や水際を離れずに暮らすというわけではない。しかし、水田と密接な関係を保って生活する鳥たち、つまり「水田の鳥」を代表するのは第一にシラサギ類やアオサギ、ゴイサギなどのサギ類である。かつての日本ではさらにトキとコウノトリとが加わっていたはずだ。これらの鳥たちは主食を水田の動物、つまりドジョウやカエル類などに依存している。筆者たちが全国のコロニーを回って調べた、アオサギの利用する餌内容の結果については前に書いた。繁殖期のゴイサギについては、これも先述したように、津軽平野での調査結果ではドジョウが圧倒的で、他にニホンアマガエル・トノサマガエルなどのカエル類（オタマジャクシを含む）やアメリカザリガニも食われており、多くはないがこれに河川由来のウグイやアブラハヤ、オイカワなどが混じっていた（出町ほか、1991年、遠藤・佐原、2000年）。

一方、晩夏にはイネの丈も高くなるので、密生した水田の中には進入困難になるが、この時期にはゴイサギは魚やカエル類よりむしろ、水田の害虫コバネイナゴをとっているようだ。秋の調査でイナゴの脚をコロニーの下で大量に見つけたときには、意外なエサに驚いた記憶がある。たしかにこの時期、水田の縁を歩くとたくさんのコバネイナゴがサワサワと音を立てて飛び跳ねる。

古来、日本人は水田地帯に住むさまざまな動物たちと身近に接し、彼らと共存してきた。中でもサギ類は、水田で耕作する古代人にとって、人目を惹く存在だっただろう。次に話はいよいよ穀霊としてのサギに移る。

6　昔、サギは穀霊だった

銅鐸に描かれたサギ

穀霊とは穀物に宿ると信じられる神霊のことである。古代日本人はさまざまな自然物に神の存在を信じていた。稲作を行うようになると、イネに神霊が宿ると信じるようになったのはごく自然なことだろう。では、何がイネの穀霊とされたのか。

弥生時代を代表するものといえば、有名なのは銅鐸である。銅鐸文化は近畿や四国・中国地方中心のもので、北日本とは縁が薄いが、教科書に掲載されている銅鐸のイメージは誰もが持っている。銅鐸のうちにはさまざまな動物の絵が線描されているものがある。それらの動物にはトンボやイモリ、カメ、シカなどに混じって、「頸と脚の長い鳥」の姿がしばしば見られる。

この鳥は何物だろうか？　弥生人が身近に見ていた候補としてサギとツルとがあげられそうだ。「希少なはずのツルがどうして？」と疑問に思われる向きもあろうが、現在は特別天然記念物で北海道東部に周年生息しているタンチョウは、かつての日本では冬鳥として本州

図4　銅鐸に描かれた長頸・長脚鳥（右上）。銅鐸は、神戸市桜ケ丘遺跡出土、神戸市立博物館蔵。佐原真（2002年）の図を参考に、銅鐸の写真から描く。

以南に普通に渡ってきていた。現在は鹿児島県出水市で多数が越冬することで知られるナベヅルとマナヅルも、かつては広範囲で越冬していた。サギ類とツル類とは一見すると似ているが、生態も行動も大きく異なる。ツルは雑食性で、動物食のサギとは対照的である。また、ツルは飛ぶ際には頸を折り曲げないし、サギのように樹上に止まることもない。繁殖も樹上でなく地上で、つがいごとに行う。

さて、銅鐸の鳥はサギかツルか？　本州以南の水田にツルがやって来るのは冬である。一方、サギたちは水田のドジョウやカエル類をとるために、春から夏の間に水田を利用している。銅鐸の長頸・長脚の鳥の絵には、クチバシに魚をくわえたものがあり、これは繁殖の際に水田で見られる魚類の姿と符合する（図４）。描かれた魚の形態は大雑把だが、体高（魚体の高さで、ヒレを含めずに背から腹まで垂直方向の長さをいう）の高いことが特徴で、しいて言えばこれはフナ類に近い。フナ類が繁殖のために水田に遡上してくるのは春から初夏であり、繁殖期のサギ類が水田を餌場として利用する時期と一致する。

およそ上のような推測から、考古学者の根木修は、銅鐸に描かれた頸と脚の長い鳥はツル類でなくシラサギ類（根木はアオサギもシラサギ類に含めている）だろうと考えており、短足のトキやずんぐり体型のゴイサギは可能性から除外する一方、サギ類に加えて、体型・生態が似ているコウノトリも含まれていたかも知れないとする（根木、１９９１年）。これは妥当な推論だろう。

一方で根木は、銅鐸の長頸・長脚鳥が捕食している魚を、繁殖のために遡上した成魚ではサイズが大き過ぎて捕食不能とし、むしろ水田の中で育った幼魚だろうと考えているが、それは必ずしも当たらない。たとえばフナ類中で最も普通のギンブナだと体長8～10センチメートル程度で性成熟するが、これは十分に捕食可能なサイズである。事実、筆者らがかつて調査した津軽平野のゴイサギの場合では、コロニー下の吐き落しには、腹にたくさんの卵を抱えた全長14センチメートルに上るフナが混じっていた（1996年6月28日。採集と計測は遠藤菜緒子氏による）。ゴイサギよりずっと体の大きなアオサギなら、さらに大きな魚をとることがある。実際、写真集『アオサギ』（照井克朗、1985年）には、「40センチメートル近いウグイ」をとった姿が鮮やかに収められている。もちろん、ある程度にまで成長した幼魚であれば、それもサギ類から捕食を受ける可能性があるだろう。

さて、銅鐸の絵は何のために描かれたのだろう。銅鐸が古代人にとって重要な祭祀に関するものであるとすれば、そこに描かれたものも古代人の絵心の発露などというものではない。寺澤薫は「マツリの変貌」の中で「とうぜん銅鐸に描かれた絵や図像もたんなる風物スケッチなどではありません。マツリの重要なイデアを表現しているのです」（佐原真・金関恕編『銅鐸から描く弥生時代』2002年所収）と書いている。

また辰巳和弘は「弥生・古墳時代人の動物観」（西本編『人と動物の日本史1　動物の考古学』2008年所収）の中で「銅鐸にはしばしば人や動物などを題材とした絵画が鋳出される。これらの絵画が、銅鐸のもつ呪性を象徴し増幅する作用を果たすために描かれたことは間違いない」と述べている。さらに辰巳は同書中で、銅鐸に描かれた長頸長脚の鳥を「サギ類」としたうえで考証を重ねている。「（カミとサギとが一緒に描かれている銅鐸では）まさに鳥〔サギのこと〕がカミと同格であることが主張される」（同書）。辰巳の論考はさらにすすんで、「弥生絵画の鳥装の人物もカミを祭るシャマンの姿に違いない。……その鳥装が長頸長脚の鳥を観念した可能性の高いことを語っている」と説いている。

辰巳によると「『白い鳥』とは米（稲魂（いなだま））の象徴にほかならず、弥生人もまた、緑の水田を餌場として飛翔するサギの姿に生命力の発露をみてとることで、霊性を感受し豊かな稔りを観想した」（同書）。なるほど、シラサギの白はコメの白と共鳴しているのか。

記紀に現われるサギ

辰巳の論考はどんどん先へ進んでいく。「（古事記では、アメノワカヒコのもがり〔本葬までの期間〕にあたってサギを含む鳥達が奉仕したことに関連して）他界空間に配置されるトリ型埴輪にもさまざまなトリが形象された背景をうかがわせる神話である。なかでも渡りをする水鳥が過半を占めるのは人々が他界を何処にみたかを語りかけている」という（同書）。
ここで、『古事記』における該当箇所は次のとおりである。
「すなはち其處に喪屋を作りて、河鴈を岐佐理持とし、鷺を掃持とし、翠鳥を御食人とし、雀を碓女とし、雉を哭女とし、かく行ひ定めて、日八日夜八夜を遊びき」（倉野憲司校注、１９６３年）。サギは箒持ちだったのである（なお、『日本書紀』では、登場する鳥は「かわかり」とスズメだけで、「かわかり」が「きさりもち」と「ははきもち」とを兼任している。また宇治谷孟による現代語訳（１９８８年）によれば「きさりもち」とは死者に備える食を持って随行する者のことである）。

たしかに、鳥類とりわけ渡り鳥は季節が去ると視界から去って行くが、これは古代人には異世界への退去だと思われたであろう。ちなみに「そにどり」はカワセミであり、「かはがり」はガンのことだろう。名前をあげられた五種のうち最初の三つが水辺の鳥であるが、古代人が水界のうちに異界を見ていただろうことも想像できる。

水田で人目を惹くサギ類は、古代人には穀物（イネ）の豊穣を約束する霊的なものに見えたと考えて無理はない。再び寺澤（２００２年）の言葉を借りると「鷺は春に飛来し、収穫まで水田で成長する稲の穀霊を守る鳥としてはもっともふさわしい鳥です。鷺が穀霊そのものであるとすれば、鷺が魚を銜え落としている右の図〔図4参照〕は、穀霊が地（水）霊である魚を得て大地（水田）に落とす姿であるといえます。つまり、地力を増大して穀霊を育てるという観念表現といえるでしょう」（前掲書）。

まだ文字を持たない時代の動物認識のあり方は不明のことが多いが、弥生人がシラサギ類とアオサギとを名称の上で区別していたとは思えない。多分それらをひっくるめて「サギ」と認識していたのではないか。稲の生育とともにあるサギは、稲を守る鳥としてふさわしい。そしてサギ・イメージの中核を形作ったのは、目立ちにくい羽色のアオサギでなく、緑の水田に美しく映えるシラサギ類だったに違いない。

シラサギ類はよく目立つ

シラサギ類が目立つのは、羽色の純白さによるのはもちろんだが、さらに引き立てる要素として、採餌の際に集団を形成することがあげられ、それは特にコサギや、新大陸のユキコサギで顕著である。また、水辺よりむしろ乾燥した場所で昆虫を主食にするアマサギも集団を作って採餌する。採餌場を探している個体が採餌中の他個体を見つけると、その近くに自分も降り立ち、こうして数羽から十数羽程度の群れができ上がる。

水田は人の目には一様に見えていても、じつは田面によってドジョウやオタマジャクシなどのエサ量には大きな違いがある。サギの各個体は、どの田面で採餌すれば多くのエサが得

水田のサギの群れ。シラサギたちの中に地味なアオサギが一羽だけ混じっている。兵庫県。2008 年 6 月、遠藤菜緒子撮影。

られそうかを、他個体がすでにそこにいるかどうかで判断しているのだと考えられる。もう一つの理由は、あるサギ個体が動くことで、隠れていたエサ動物が追い出されることがあり、追い出されたエサ動物を別の個体が捕獲するので、全体として各個体のエサ捕獲効率が高まる。だから、「白鷺は必ず小さな群れを成して、水田に好個の日本的画趣を与える」（高村光太郎「九十九里浜の初夏」、『智恵子抄』１９４１年所収）というような光景がよく見られることになる。

一方、アオサギはもっぱら「待ち伏せ」か「ゆっくり歩く」方法で採餌し、コサギのように脚で獲物を追い出すことも、走って追いかけることもしないので、

「追い出し効果」は働かない。アオサギでは（そしてゴイサギでも）このように群れをつくる行動は顕著でないのである。断っておくが、アオサギの各個体が餌場ではつねに互いに排他的だというわけではない。河川の堰堤(えんてい)下のような場所では、採餌に好適なポイントは限られており、そこをめぐって個体間に攻撃行動が観察される。一方、干潟や水田では、複数個体が近くにいても互いに無関心な様子で、しかしお互いあまり近寄らないようにしながら採餌している。平面的に一様で広く開けた環境中では、場所を細かく特徴づける手がかりもないし、特定の狭い場所を排他的に専有する意味がないのだ。

「妖怪化」するサギたち

さて、古代人から霊性を付与されたサギの扱いは、しかし、時代が下るとともに変質していった。中村禎里は『日本動物民俗誌』（１９８７年）の中で「日本において動物神の多くは動物神徒または妖怪のいずれかに転じた。しかも妖怪化の途をえらんだ動物も、最終的には三枚目的役柄に堕し、人となれあう」と要約し、この過程における仏教の役割の大きいことを指摘している。つまり、神そのものだったのが、「神のお使い」に格下げされるか、あるいは「妖怪」に転落していったのである。

民俗学者の今野圓輔(こんのえんすけ)は『日本怪談集　妖怪篇〈下〉』（２００４年、初出は１９８１年）の中で「妖怪の大部分が、もとは敬虔な信仰をともなった神霊現象の衰退したものだとするならば（以下略）」と述べている（ついでに言っておくが、「だとするならば」の言葉は控えめな言い回しであって、疑いを示すのではない）。また、仏教は合理性や倫理観をもたらし、それを前にして動物神も没落していったが、つまり動物神の没落は文明の進展の問題でもあるのだ（中村生雄、２００７年）。

かつて霊性を持っていたサギの説話を古典のうちから紹介しよう。僧景戒によって九世紀に成立したと考えられる『日本霊異記』では、「仏教信仰が人々に浸透していく初期の宗教観の転換と動物観の変化が、虚構とはいえ信仰に裏打ちされて語られている」（平林章仁「仏教が教えた動物観」、中村生雄・三浦佑之編『人と動物の日本史4　信仰のなかの動物たち』２００９年所収）。その中巻第十七縁に「観音の銅像が鷺に変わって、不思議なことのあった話」がある。おおよそのストーリーは次のとおり。

大和国鵤村の尼寺にあった観音像六体が盗人に盗られたが、見つからないまま月日が経った。ある夏、近辺の池で、木切れに止まっていた鷺に子供たちが石を投げたが、鷺はなかなか逃げない。止まっていた木を調べると、まさに観音像であった。鷺となって現れたのは、観音菩薩の化身なのであった（原田敏明・高橋貢による現代語訳（２０００

年）から）。

このサギはシラサギともアオサギとも明記されていないが、成立年代の古さから考えて、両者を区別せずに「鷺」としているのだろう。この説話について、平林は前掲書で、他の説話とともに「霊獣視された古代の鹿に近い印象を受ける」と書いている。

「化身としてのサギ」は、遠く現代にまで引き継がれている。温泉国日本の各地に伝わる源泉発見物語には、動物のかかわるものが多数ある。中でもサギまたはツルが湯で傷を癒しているのを人が発見し、それが発端となって開湯されたという温泉は多く、そのうちには「鷺の湯」や「鶴の湯」という名称のついたものもある。それらのほとんどは、たんに温泉発見の契機としてサギやツルが登場するだけだが、岐阜県の名湯、下呂（げろ）温泉の場合は少し異なる。

十世紀前半に発見されたというこの温泉は、十三世紀にいったん湯の湧出が止まる危機を迎えた。しかし翌年、益田川（木曽川の支川、飛騨川の別称）の河原にやってくる一羽のシラサギの行動から、村民が新たな湧出場所に気づいた。ここまでは他の開湯縁起とほぼ同じである。そのシラサギがとまった松の木の下には一体の薬師如来が鎮座していた。村人に温泉の湧出場所を教えたのは如来の化身したシラサギだったのだ。

下呂温泉、醫王霊山温泉寺の絵馬。冠羽があって足指も黄色に描かれており、コサギとわかる。2015 年 7 月撮影。

これが下呂温泉の醫王霊山温泉寺（建立は十七世紀）の開創縁起であり、広い河原と下呂の街並みとを見おろす中根山の中腹に寺は今もある。この説話ではたんにサギでなく明白に「シラサギ」とされており、また菩薩から如来にステータスも上がっているが、『日本霊異記』の説話との類似が指摘できよう。

『日本霊異記』や下呂温泉の説話から直ちに想起されるのは、中勘助の『鳥の物語』（１９４９年）のうち「いかるの話」である。物語の話し手がイカル（アトリ科の小鳥で学名 *Eophona personata*）で、舞台は「斑鳩の里」という設定である。ここで『日本霊異記』のサギ説話の舞台が「大和国鵤村」だったことを思い出してもらいたい。

聖徳太子の妃が手ずから薬水で病鳥たちの体を洗い清めていたところ、その日の最後に現れたのが、病身で羽根も抜け落ちた汚いアオサギであった。太子妃がこの醜い鳥を洗い終わったとき、アオサギは自分が観音菩薩の化身であることを明かして飛び去っていった。『日本霊異記』と同じくここでサギは観音の化身だが、「いかるの話」ではアオサギと明記されている。さすがにシラサギでは「病身の汚いサギ」という設定にふさわしくないと、著者は考えたのであろう。

大きな霊性が時代とともに零落して「神の使徒」や「妖怪」になる件に関連し、平安時代の陰陽師、安倍晴明(あべのせいめい)の逸話を紹介しておきたい。『宇治拾遺物語』(十三世紀前半に成立)に次の話がある。関白道長に呪詛をなす者を突き止めるために、安倍晴明が「ふところより紙をとり出(いだ)し、鳥のすがたに引(ひき)むすびて、呪(じゅ)を誦(ずん)じかけて、空へなげあげたれば、たちまちに、しらさぎになりて、南をさして飛行(とびゆき)けり。」

紙(当時は貴重品だったろう)がシラサギに変じたわけだが、ここではシラサギが不思議な能力を持つこと、それが晴明によって使役されていることを確認しておきたい。このシラサギは「妖怪」スレスレだが、妖怪ではなく「善玉」なのである。シラサギだけではない。白ヘビ、白シカ、白カラスなど、さまざまな動物の白化型個体がしばしば「神のお使い」とされて崇められたことも想起される。それは単に白化型の珍しさだけが理由ではなかろう。「白いこと」に意味があるのだ。

最後にもう一つ、奇抜なようだが、日本人にもっともポピュラーな妖怪である河童(かっぱ)の場合を例として取り上げよう。河童の成立にはサルやカメ、カワウソなどさまざまな動物のイメージが付加されている(中村禎里『河童の日本史』1996年)。河童には多数の地方名があるが、青森県はじめ北東北での河童の呼び名は「めどち」(または「めどつ」)である。「めどち」とはつまり「み(水)つ(の)ち(神)」で、要するに「水の神」である。古くは水の神だったのが、時代が下ると妖怪「河童」に零落してしまったのだ。

これと同じく、かつての穀霊サギもまた時代が下って妖怪に身を落としてしまったのではないか。その過程において、アオサギとシラサギ類とが袂を分かったに違いない。妖怪化の道を選んだ(選ばされた)のは、純白で見た目に美しいシラサギ類でなく、夜も活動しゴイサギと混同されがちだったアオサギであった。これが筆者の考えである。

この物語の最後に、現代に受け継がれる穀霊サギの信仰について次に述べておきたい。

7　ケンケト祭見聞記

ケンケト祭をぜひ見たい！

その祭のことを筆者が知ったのは『稲と鳥と太陽の道』（萩原秀三郎、1996年）という本を読んだときである。滋賀県蒲生郡竜王町と東近江市宮川に伝わる「ケンケト祭」では、サギ（もちろん作り物である）を先端にいただく鷺鉾が用いられ、祭で重要な役割を持つという。同名の祭は滋賀県のもっと広範囲（野洲・蒲生・甲賀の三郡）で行われているというが、鷺鉾はこの地域に独特のようだ。

同書に掲載されている鷺鉾の写真では、鉾の上のサギは念のいったことに「ドジョウ」（本物ではないが）を口にくわえている。わずか一ページ余りの記述に筆者は脳を撲たれた。これは面白い！　それ以来、一度は実地に見てみたいと願ってはいたものの、祭の日は5月3日と決まっており、開催地の近辺には格別ほかに用があるわけでなし、馴染みのない土地へ専門外のことでわざわざ出向くほどのエネルギーも持ち合わせず何年もが過ぎてしまった。このままでは行けずじまいになりそうだ。これでいいのか自分！　ついに思い立って現地を訪れ、そこで貴重な体験をすることになった。2010年5月のことである。

あらかじめ竜王町観光協会の方から祭の資料を送っていただき、また山之上祭礼保存会の寺嶋裕文会長からは事前にメールであれこれご教示いただいていた。前日にJR近江八幡駅で降りてバスに乗り、山之上地区に向かう。夕方には、寺嶋会長はじめ皆さんと歓談してケンケト祭のお話をうかがった。翌朝には、当時兵庫県に在住していた卒業生の遠藤菜緒子さんも駆けつけて、当日は晩までずっと鷺鉾（「稲風呂（いなぶろ）」という。鷺鉾を飾る五色の紙製の房は稲穂を象徴し、これもやはり「イナブロ」と称する）の巡行について回った。朝から素晴らしい快晴である。

しかし行事には同時進行する部分もあるし、とても全体を見ることはできない。以下は、筆者の見てきたことと『山之上祭礼記（神社とケンケト祭）』（祭礼保存会、1998年）の記述とをつき混ぜたものである。大筋は正しいと思うが、もし描写に至らぬことがあればそれは筆者の責任である。あらかじめお断りしておく。

鷺鉾について回った一日

ケンケト祭は五穀豊穣を祈願するもので、「ケンケト」とは囃子（はやし）音頭に由来する。神輿も出るが主役は鷺鉾で、太く重そうな丸竹の先端に、装飾豊かな白い鷺（山之上地区のはメス

ケンケト祭の鷺鉾。滋賀県竜王町。2010年5月撮影。

鷺とのこと）が乗っている。鷺はクチバシに「ドジョウ」をくわえている。これが大鷺で神の化身である。鷺鉾は五色の紙房で飾られており、その中には大鷺と同形で一回り小さな鷺（小鷺）が隠れている。鷺鉾には三本のロープが付いており、それを引いていくのだが、これは力仕事だ。鷺鉾には警固役がついている。警固というのは、紙房にはご利益があり、鷺鉾を引き倒してそれを奪おうとする見物人たちから守るためである。祭にはさまざまな要素が含まれているが、しかし明らかに主役は鷺鉾である。

朝に出発した鷺鉾一行は、鉦や太鼓を打ち鳴らしつつ行進し、各所の神社では華麗な長刀踊りを奉納しながら巡行する。長刀踊りを披露するのは、いずれも色彩豊かな衣装に身を包んで勇壮ないでたちの、地元の少年たちである。これは一生の晴れ舞台だろう。ひときわ大きな杉之木神社に着く。途中の家々には「今日は野止め」（「農作業はお休み」の意）と張り紙があった。杉之木神社では別の地区（東近江市宮川地区）からやってきた、オス鷺をいただく鷺鉾と出会う。神事のあと華やかに踊りの奉納を次々に終え、鷺鉾は社殿の周囲を回ってから、一行は神社を出て川の土手を進み、神輿が宮川地区に還御したのち、鷺鉾は杉之木神社に戻ってくる。

杉之木神社に鷺鉾が戻ってきたのは夜の10時近くだった。付近の水田では早くも一部田植えが終わっており、各所からシュレーゲルアオガエルやニホンアマガエルの声がかまびすしい。最後に鷺鉾は飾りをむしり取られ、鷺は目を長刀で突かれるという衝撃的な結末を迎え、この「鷺納め」で祭は終わった。この日を筆者は一生忘れないだろう。この祭がこれからもずっと続いていくことを願わずにはいられなかった。

第Ⅲ部　羽根飾り問題とサギたち

1　サギ類とヒトとの関わり合い

芸術におけるサギ類

これまで、日本文学に現れるアオサギ観・シラサギ観について時間を遡りながら考えてきた。改めて今度は時間の流れに沿って要約しておこう。

日本人が水田耕作を行うようになると、水田を採餌場とするサギ類はよく目立ち、稲を守る穀霊とされた。時代が下るとサギは穀霊の地位から転落して「妖怪」となったが、その役割を負わされたのはシラサギ類でなくアオサギだった。この過程では、アオサギが夜間も活動することや、シラサギ類やゴイサギの分布が意味を持った。「妖怪アオサギ」は江戸時代を通り越して明治にまで持続し、その後も、西欧にはない「憂鬱で不気味な」アオサギ像として近代・現代詩に出現することになった。「憂鬱」の要素が付け加わるには、名前の「青」(blue)が寄与していた。以上のストーリーは筆者の考えであるが、読者諸氏からご意見・ご批判を賜れば幸甚である。

アオサギあるいはサギ類が扱われる芸術は、もちろん文学だけではない。絵画芸術の中でも扱われてきた。筆者の印象では、江戸時代の大衆芸術である浮世絵に登場するサギはほとんどシラサギに限られているのに対し、知識人の間での、いわば「玄人好み」の画題としては、シラサギだけでなくアオサギやゴイサギも扱われたようで興味深い。

例を少しだけあげると、蘭学者・絵師の司馬江漢（１７４７〜１８１８）の描いた「寒柳水禽図」や「青鷺遠村図」は遠近感を持つ洋風の絵である。前者ではトキ・カワセミと一緒にアオサギが描かれており、後者では「青鷺」とあるが、頸の短さや背の青黒みからは、いくぶんゴイサギの要素が混じっている感じがする。

一方、秋田蘭画の小田野直武（１７５０〜８０）（『解体新書』の挿絵を描いたことでも知られる）の描いた「鷺図」では、近景のサギと遠景との対比が強調されているが、白斑のある淡褐色の羽色から、このサギはゴイサギの幼鳥か、あるいはゴイサギに似ているが少しスリムなササゴイの幼鳥のように見える。ここでは、弘前藩ゆかりの俳人・作家・国学者でもある建部綾足（１７１９〜７４、画号は寒葉斎）の作と伝えられる、眼光鋭く生き生きした「秋塘青鷺図」（弘前市立博物館収蔵）を見ていただきたい（ちなみに、綾足自身は後年、眼病を患っていたのだが）。

さらに能（謡曲）の「鷺」（『源平盛衰記』に由来するのだから、本来はゴイサギの話だったものが、能ではシラサギに変えられている）もあれば、音楽の分野でも、更科源蔵の詩に

建部綾足（寒葉斎）「秋塘青鷺図」。弘前市立博物館蔵。

伊福部昭が曲をつけた「蒼鷺」（2000年作曲）や、山下達郎の「ヘロン」（1998年リリース）などの例がある。いつかそれらに現れるアオサギ観・サギ観を考えてみたいと思う。

食用にされたサギ類

サギ類へのヒトの関わり方には、もっと即物的なかたちがあった。まず洋の東西を問わず食用としたことがあげられる。

ヨーロッパではサンカノゴイが美味なものとして名高かったが、他のサギ類も食用とされた。中世には、アオサギはヨーロッパで食卓の鳥として高く評価されたという（del Hoyo et al. 1992）。これに関連して有名なエピソードが、百年戦争の発端となった「ヘロンの誓い」である。十四世紀前半のある年、フランスを追われたアルトワ伯ロベールが、イングランド王エドワード三世に対して、鷹狩りの獲物となったアオサギをローストして皿に乗せ、エドワードがフランス王位継承権を持つのにそれを主張しないのは「自分自身の影にさえ怯える臆病な」鳥アオサギだとあてこすったという話である。この逸話では、当時からアオサギは鷹狩りの絶好の獲物とされていたことがうかがわれる。

時代は下ってシェイクスピアのころ（十六〜十七世紀）にもアオサギは「素晴らしい獲物であるばかりでなく、仕留められた後は珍味とされていた」（ハーティング『シェイクスピアの鳥類学』1864年、関本榮一・高橋昭三訳、1993年）。なお、鷹狩の獲物とされたアオサギを描いた絵画については後でも少し触れることにする。

もちろん、日本でもサギ類は食用とされた。縄文人が多様な鳥獣を食料とし、その中にはサギ類も含まれていたことは容易に想像できる。青森県内各地の遺跡からも、魚類の骨や貝類とともにサギ類の骨が出土している（福田、1998年）。

江戸時代には、食材としてのサギ類について詳しい評価が見られる。たとえば『本朝食鑑』（1697〔元禄10〕年）には「鷺」について、「凡そ、白鷺の肉味は軽浅で、脂が少なく、最も食用に足るものである。夏月に食べると宜い」とある。さらに「蒼鷺」については「味は最美で、白鷺よりも勝れている。夏月にこれを賞味する」と、食材として高く評価しており、同様の記述が貝原益軒の『大和本草』（1709〔宝永6〕年）にも踏襲されている。その一方、「五位鷺」については「味は甘鹹（かんかん）であるとはいえ、夏には蒼鷺に似た味で稍佳いが、冬には臊気があって佳くない」と評価は高くない。このような、食材としてのサギ類の評価は、『和漢三才図会』（1713〔正徳3〕年）にもほぼそのまま引き継がれている。

ずっと時代は下るが、田山花袋の『田舎教師』（1909年）には、結核を病む主人公が滋養のためにゴイサギを買って食材とする場面がある。

「ある時はごいさぎを売りに来たのを十五銭に負けさせて買った。嘴は浅緑色、羽は暗褐色に淡褐色の斑点、長い足は美しい浅緑色をしていた。それを粗く潰して、骨をトントンと音させて叩いた。それにすらかれは疲労を覚えた。」

これは色彩からもゴイサギの巣立ちビナと分かる。

戦後の食糧難の時代まで、卵も含めてサギ類が食用とされることは多かったであろう。小杉昭光の『野田の鷺山』（1980年）は、かつて埼玉県にあった巨大な混合コロニー「野田の鷺山」について、その成立条件の考察から時代的変遷、その終焉に至るまでを述べた、資料的価値を合わせ持つ貴重な書である。その中に「ゴイサギは夜行性で夜間に餌をあさることから、ゴイサギを食べると夜盲症が直るといういい伝えが、この地方にある」と書かれている（「この地方」とは、コロニーのあった浦和市（現・さいたま市）野田周辺のことである）。

川口孫治郎の『自然暦』（1972年）には、さまざまな動物について日本各地の言い伝えが採録されているが、その中にゴイサギについて「早や芋（ママ）と五位鷺」というのがある。これは、川口による解説では「筑後狩猟家の諺。早や芋とは又の方言長崎薯、一般称は早芋なり。その初出来と鷺とを煮て食えば肉の味旨し」とのことである。「越前本庄地方にて五位鷺の蕃殖する森あり、」「（巣から落ちたヒナを）大阪に送れば相当の値にて売れる由、」「大阪にては西洋料理屋にて主としてフライとなして食卓に上すらしと、後にわかりたりと云。」「五位鷺は元来その肉不味のものなれど、夏より秋にかけては比較的風味よしとして賞味するものか」と同書にある。

肥料としての糞の利用

現代人が忘却してしまったのは、肥料としてのサギの糞の利用である。十七世紀に成立した三河・遠江（とおとうみ）地方の農書『百姓伝記』（作者不詳）には、「五位鷺」について、「必そのより合処にはふん多く有物なり。木の下・竹の下にあらぬか・ごみあくたをしき、ふんかへしのたまるに随て、ごみあくた・ぬかをよせ、ねかし、くさらせて、作毛のやしなひに用べし」（古島敏雄校注、２００１年）とあって、コロニー下にたまる糞を肥料として用いるのを奨励していたことが分かる。ずっと時代は下って、泉鏡花の「鷺の灯（ともしび）」（１９０３年）にも、アオサギのコロニー下のこととして、「いや夥（おびただ）しい事（こと）はお百姓（ひやくしやう）が肥料（こやし）に取片附（とりかたづ）けますので目立（めだ）

アオサギのコロニー下を調査する筆者。上からフンが降ってくるので、暑いのに雨具を着ている。青森県。1989 年 6 月撮影。

たぬのでござりますが、森の中は一夜の中に敵めが糞で眞白に積るのが毎々でござりまする」とあり、肥料としての糞の利用が述べられている。小杉昭光の『野田の鷺山』（１９８０年）にも、江戸時代から（１９８０年当時の）近年に至るまで、サギコロニーの下に藁を敷いて糞を集め肥料として売っていたことが記されている。

また、これはサギでなくカワウであるが、松山資郎『野鳥と共に八〇年』（１９９７年）には鳥糞の利用状況として、「千葉県千葉郡蘇我町生実郷の大巌寺の森、愛知県知多郡小鈴谷村上野間、同郡旭村日長の各地では、戦前、化学肥料は用いず、カワウの糞をワラや土にしみこませたものを肥料として用いていた」と書かれている。大巌寺境内の森はかつて「鵜の森」として県の天然記念物であったが、コロニーが消滅したのち1974年には指定が解除されている。

以上見てきたように、サギやウのコロニーの糞を肥料として利用することは、国内で広く一般に行われていたに違いない。しかし、化学肥料の普及とともに、かつて人との間にあったこのような関係は失われ忘れられ、代わりに「うるさい、臭い」とコロニーのマイナス面ばかりが取り上げられることになった。動物はいつも自分の生物的な本性に従って行動してきた。動物と人との関係の在り方が変わったとすれば、それは人の側が変わったためである。

2 装飾としての羽根利用

サギ類に関して、次には羽根の利用を取り上げる。

アオサギの羽根は古くは矢羽根としても用いられた。鎌倉時代に成立した史書『吾妻鏡』の建久元年（1190年）9月18日条には「以青鷺羽鷹表箭」（「青鷺の羽、鷹の表箭を以てす」。ただし別の読み方もある）とあり、矢羽根としてよく用いられるタカの羽根の他にアオサギの羽根も使われたことが分かる。またアオサギの羽根は茶道における羽箒にも用いられた。

しかし、重大なのは装飾としての羽根の利用である。これはアオサギ、いやサギ類だけでなく鳥類全体に、しかも世界的に十九世紀から二十世紀初めにかけて生じた深刻な問題であった。また、この問題への反動として鳥類保護の機運を高める契機ともなった。その意味で現在につながる重大問題を、改めて紙面をとって紹介することにしたい。

羽根はさまざまな目的で利用された

十九世紀、特にその後半から二十世紀初めは、サギ類はじめ鳥類にとって一大受難の時代だった――それも局地的でなく全世界的に。まずは羽根利用の歴史を少しふり返ってみることにしよう。

鳥の羽根は、古来、さまざまな目的で使用されており、とりわけ装飾に用いることは世界各地で行われてきた。シルクロードの楼蘭(ろうらん)で発掘された女性のミイラにも羽根飾り(アオサギの羽根だという)が使われていたし、アメリカ先住民の間でも羽根飾りは重要なアイテムであった。日本では、第一に正倉院の宝物「鳥毛立女屏風(とりげりゅうじょのびょうぶ)」(八世紀)が思い浮かぶだろう。教科書に掲載された図から鮮明なイメージを持つ人は多いだろうが、用いられたヤマドリの羽根は残念に描かれた女性の衣服だけでなく背景の装飾にも羽毛が用いられているという。教科書に掲載もすでに剥落しているとのことである（柿澤ほか、２０００年）。

現在でも、豪華さを演出するために羽根飾りが用いられており、宝塚歌劇のフィナーレやサンバカーニバルの衣装を思い起こしていただければ納得いただけよう（使われているのは主にダチョウの羽根やキジ類の尾羽だろう）。しかし何といっても、装飾目的ばかりでなく鳥の羽根が盛んに利用され、鳥類の世界に深刻な影響を与えたのは欧米の文化においてであった。

ヨーロッパではさまざまな目的で鳥の羽根が使われた。北欧のヴァイキングは布団の充填材に羽毛を用いており、この文化はヨーロッパの各地域にもたらされた。以下にはシェイクスピアの作品から二箇所ばかり引いておく。なお、これ以降、用いられた羽根の原語をカッコ内に示しておいた。

オセロー「戦の庭にあって石を枕に鋼の床と明けくれまいった身にとりましては、今や戦場こそこよなき羽毛の寝床（bed of down）」（『オセロー』１６０４年、福田恆存訳、１９６３年）。ダウン（down）とは、ダウンジャケットなどの言葉でも知られるとおり、羽毛の中でもとりわけ柔らかな綿状の羽毛（綿羽）である。

ランスロット「お次が水難で三度たすかるとあり、おまけに羽蒲団（feather-bed）の裾で危く命を落しそこなうこともありと出ていやがる」（『ヴェニスの商人』１５９６～１５９７年、福田恆存訳、1967年)。

時代はずっと下るが、トーマス・マンの『魔の山』(高橋義孝訳、1969年)からも引用しておく。この長大な教養小説が刊行されたのは1924年だが、訳者によればマンが執筆に取りかかったのは1913年とのことである。

「ハンス・カストルプはその旋律を囁くような口笛でまね(口笛は囁くようにも吹ける)、羽根布団(Federdeckbett)の下の冷たい足で拍子をとった。」

「(ハンス・カストルプは)いとこには九時ごろにもうお休みをいい、急いで羽根布団(Federbett)を頤の上まで引っかぶると、そのまま打ちのめされたように眠ってしまった。」

寝具として羽根が用いられたのは布団ばかりではない。同じく『魔の山』(高橋訳)から二箇所を引用する。

「彼は背中に羽根枕(Plumeau)を当てがい、サナトリウムの便箋に帰国が予定より遅れることを書いた。」

「ハンス・カストルプは背中に羽根枕(Plumeau)を当てて、生活の変化に伴って旺盛になった食欲にまかせて、朝食を認める。」

ここで「羽根枕」と訳されている**Plumeau**は、元々のフランス語では枕というよりむしろ羽根毛布のようなものである。これを枕代わりに背もたれとしたのであろう。同じくトーマス・マンの長編小説『ブッデンブローク家の人びと』（1901年）では、「背中にPlumeau をあてがって」を意味する原文は「背に羽蒲団を支い」と邦訳されており（望月市恵訳、1969年）、この方が原意に近いかも知れない。

羽根は扇にも用いられた。まずはシャルル・ボードレールの散文詩集『パリの憂愁』（1869年）所収のうち「うるわしのドロテ」から。

「彼女はあんなにも悦んで髪を梳ることも、煙草をふかすことも、大きな鳥の羽の扇（éventails de plumes）で風を入れたり、またその姿を鏡に映して眺めたりすることも出来るのに」（福永武彦訳、1966年改訳版）。

次は十九世紀末の英国詩人アーネスト・ダウスンの短編「遺愛のヴァイオリン」（1891年）から。

「彼女は興味をそそられた顔で、羽根扇（feathered fan）ごしにこちらを一瞥すると、彫像のような肩をほんの少し聳やかした――」（南條竹則編訳、2007年）。

羽根は保温性が高いので襟巻にも用いられた。前掲の『魔の山』（高橋訳）から二箇所を引用しよう。

「女房も小柄できゃしゃで、帽子の羽根飾り（Federhut）を揺らめかせて、ロシア革の小さいハイヒールの長靴で小股に歩いていった。首には、汚れた羽根の襟巻（Boa aus

Vogelfedern）を巻きつけていた。」

この例では羽根飾りつきの帽子も一緒に登場している。

「女は相変らず汚れた羽根の襟巻（ボア）（Federboa）を巻きつけていたが、その下には襞のある襟飾りをつけた緑の絹ブラウスを着ていた。」

以上に見てきたとおり、布団に枕代わりに扇に襟巻にと、ヨーロッパ文化の中で鳥の羽根は大活躍であった。

装飾用の羽根飾り

しかし、欧米の文化で羽根が最も活躍したのは、何といっても装飾用の羽根飾りとしてである。以下、さまざまな小説から引用するが、最初に紹介するのは「フランス幻想文学の祖」シャルル・ノディエの「トリルビー　アーガイルの小妖精」（1822年）で、小説の舞台はスコットランドである。貧しいヒロイン、ジャニーがアーガイルの貴婦人たちの華美な装いを空想する場面から。

「彼女はまた、（中略）雷鳥や青さぎのとりどりの羽根飾り（plumes de ptarmigan et de héron）の面白さ、粋をこらした髪型の美しさなどをこまごまと思い描き」（篠田知和基編訳、1990年）。この「羽根飾り」は、帽子に取りつけたのかそうでないのか、必ずしも判然としないが、後者のように読めそうだ。なお、引用文中の「雷鳥」（ptarmigan）とは日本固有の亜種ニホンライチョウの別亜種である。

次はトーマス・マンの短編「神童」（1903年）より。天才ピアニストの少年がいよいよ演奏を始めようとする際の会場の描写から。

「前方左手には、神童の母親が腰かけている。すこぶる肉附のいい婦人で、二重頤に白粉をつけて、頭に鳥の羽を一本（einer Feder）頂いている」（実吉捷郎訳、1979年）。これは帽子でなく髪に直接飾っているのだろう。鳥の羽根を一本だけとは、ずいぶん控えめなおしゃれである。

装飾用の羽根は、ブローチや髪飾りにも用いられたが、とりわけ帽子の飾りとして盛大に使用された。帽子といってもさまざまあるが、まず、軍人の帽子につける装飾物として羽毛は盛んに用いられた。その例をいくつかあげておこう。次はシェイクスピアの『リア王』（1604〜06年）から、リアの長女ゴネリルが気弱な夫を叱責する台詞の一節である。

ゴネリル「軍鼓（ぐんこ）はどこにおいていらしたのです？　既にフランス王はこの平和の領土に旗を翻し、兜の羽飾り（plumed helm）も勇しく御領地を狙っているというのに」（福田恆存訳、1967年）。

次はヨーロッパではないが、スペインの影響下にある十九世紀アルゼンチンの例で、当時の独裁者ロサス将軍（ダーウィンの『ビーグル号航海記』（1839年）にも登場する人物）のお気に入りの道化師、ドン・エウセビオが将軍の衣装を着けてブエノス・アイレスの街路を行進してきた場面である（W・H・ハドソン『はるかな国　とおい昔』1918年）。
「往来の向こうから、将軍用の真紅の服装をつけ――自分の道化師を将軍に扮装させるのが、独裁者のささやかな慰みの一つでした――猩猩緋の羽毛（aigrette of scarlet plumes）の、高い前立てをおいた、大きな真紅の三角帽をいただき、ドン・エウセビオがやってきました」（寿岳しづ改訳、1975年）。

ここに出てきた aigrette は少々説明を要する言葉である。この場合の aigrette は一般的な「羽根飾り」を意味し、特にシラサギ類の蓑羽（みのばね）を指す言葉ではない。aigrette の意味の変遷については後述する。

軍帽の装飾に用いられた羽根には、アオサギの羽根も含まれていた。その例をゲーテの『ファウスト　第二部』（1833年）からあげておこう。

総大将「弓矢をとれ、出陣だ。池の向こうの蒼鷺（Reiher）をやっつけろ。勝手に巣をつくって、わがもの顔のやつらを一網打尽だ！　やつらの羽根を、兜の飾り（Helm und Schmuck）にしてくれる」（池内紀訳、2004年）。

また別の個所では、

ターレス「槍や盾や兜が何になる？　鷺の羽根飾り（Reiherstrahl）がどうなんだ。ダクテュロスや蟻の全軍総くずれ、ちりぢりに逃げまどっている」（同訳書）。

なお、上記文中の原語 Reiher は英語 heron・仏語 héron に相当するドイツ語である。

羽根飾りが用いられた帽子は軍帽に限られなかった。以下、十九世紀から二十世紀初頭の文学に例を見ていこう。

最初の例は、『カルメン』で知られるプロスペル・メリメの「ドン・ファン異聞」（1834年）から。かつての放蕩者ドン・ファンが後年を過ごす修道院で、仇討を図る青年が彼の前に出現する場面で、ところはスペインのセビリアである。

「彼は目をあげた。目の前に、背の高いひとりの若者が、地面まで引きずるマントを羽織り、白黒染めわけの羽根飾り（plume）のついた帽子に半ば顔をかくして、立っているのを認めた」（杉捷夫編訳、1986年）。

次は、詩人・作家で幻想小説もよくしたテオフィル・ゴーチエの怪奇小説「死霊の恋」（1836年）から。舞台はイタリアである。

「ブロンドの髪が、粋にねじれた〔白い〕羽（plumes blanches）をかざした黒いフェルトの大きな帽子のしたから、ゆたかな巻毛をなしてあふれていました」（田辺貞之助訳、2002年）。なお、原文中の blanches（白い）が邦訳には訳出されていない。

次に紹介するのは象徴派の詩人・作家、アンリ・ド＝レニエの小説「水都幻談」（１９０６年）より。これも舞台はイタリアで、場所はヴェネチアである。

「彼は戸口の方にづかづかと進み来たりて、笑ふ。真つ黒き顔に白き歯みせて笑ふなり。ちぢれ毛の頭を、羽根飾り（aigrette）つけし雑色のターバンにて巻き、腰のまはりには、赤と黄の腰巻をまとへり」（青柳瑞穂訳、１９９４年）。

最後に、日本の文豪からも一つ引用しておこう。アメリカからの帰国途上、１９０７年から１９０８年の一年足らずフランスに滞在した永井荷風は、帰国後の１９０９年に『ふらんす物語』を書いた（しかし、発禁処分を受けた）。次は『ふらんす物語』のうちから「放蕩」の一節で、五月下旬のパリ郊外の情景である。「折々通る汽車の烟（けむり）は、女帽につけた駝鳥の羽飾りのよう、茂った林の間を縫って、ふっくりと湧き上り棚曳いて行く」。

羽根で飾られたのは人体だけではなかった。霊柩馬車の屋根に立てた羽根飾りの例をドイツとフランスからあげておく。まずはトーマス・マン『ブッデンブローク家の人びと』（１９０１年）から。場所は北ドイツの港町リューベックで、年代は１８７５年の設定である。

「風が見物する市民の頭上に花の香りを運び、霊柩車の屋根にかざられている黒い羽根かざり（Federbusch）をゆり動かし、川岸までならんでいる馬の鬣にたわむれ、霊柩車の馭者と馬丁の帽子につけられている喪の黒いリボンをひらひらとさせた」（望月市恵訳、１９６９

年）。

もう一つはアルチュール・ランボーの詩「轍」（『イリュミナシオン』1874年所収）の一節である。これをもってこの項を終わろう。

「――漆黒の羽根飾り（panache）を立てた、闇の天蓋に被われて、棺桶までが幾つも幾つも、蒼く黒い大きな牝馬の駆けるにつれて繰り出して来る」（小林秀雄訳『地獄の季節』、1970年改版所収）。panacheとは、Federbuschと同様、多くの羽根を束ねた飾りのことである。

これまで、ずいぶんと羽根飾りの例を見てきた。そのとおり、十九世紀から二十世紀初めのヨーロッパ文学をひもとけば、かなりの高頻度で羽根飾りに遭遇するのである。このように、欧米の文化で鳥の羽毛は広く用いられ、特に帽子の装飾に使われたが、中でも特筆すべきは婦人帽の装飾であった。十九世紀中に欧米で、羽根飾りは婦人帽に大衆的に用いられるようになったが、それには歴史的な経緯と事情とがある。それを語る前に、話をいったん十八世紀末のヨーロッパに遡ることにしよう。

3　フランス革命と羽根飾り

婦人帽の羽根飾り

マリー・アントワネットの肖像画といえば、バラの小枝を手にし、大きな羽毛で頭を過剰に飾りたてた絵を思い浮かべた方もおられるのではないだろうか。実際、彼女は兄ヨーゼフから「羽根頭」のニックネームで呼ばれたという（Doughty 1975）。あるいは、マリー・アントワネットお気に入りの画家で、その肖像画を描いたエリザベート＝ルイーズ・ヴィジェ＝ルブランの自画像を想起された方もあるかも知れない。これまた羽毛を帽子に取り付けて飾っている。この時代、豪華な羽根飾りは上流階級の女性の特権のようなもので、マリー・アントワネットは当時のファッションリーダーであった。ヴェルサイユ宮殿の大広間は、舞踏会のときにはまるで「羽毛の海」だったという（Doughty 1975）。

フランス革命の始まりを告げた1789年の三部会の参加者の行進のさいは、「パリじゅうが見物にきていた。窓という窓、そして屋根まで鈴なりの人である。高価な織物で飾られたバルコニーには、光りまばゆく婦人たちが色どりをそえていた。彼女らは、当節流行の、羽毛（plumes）と花々とをとりまぜた、あでやかにも奇妙な装いをこらしている」（ミシュレ『フランス革命史』1847～53年、桑原武夫訳、1979年）。

羽毛で飾られたのは貴婦人たちだけではない。行列の先頭をきる、黒っぽい服の第三身分の代表たちに「ついであらわれたのが、羽根飾り帽子（chapeaux à plumes）をかぶり、レースや金の襟章をつけた貴族身分の代表の、美々しい小集団」（ミシュレ、同訳書）であった。

羽毛による装飾は実戦場面でも使用された。パリの国民公会が地方や軍隊に送った「派遣議員」の制服は羽根飾りと三色の帯、赤い襟の青い服であった（ミシュレ、同訳書）。他方、革命政府に抗してヴァンデ地方の反乱軍を率いたジャック・カトリノーが致命傷を負う場面は次のとおりである。「彼がシムティエール通りから広場に出ようとする直前、屋根裏にひそんでいた靴直しが、歩兵参謀をつれ白い羽飾り（panache）をつけたひとりの男を目撃し、落ち着きはらって銃を窓にもたせかけ、引き金をひいた。……男は倒れた」（ミシュレ、同訳書）。アンヌ・ルイ・ジロデが描いた凛々しいカトリノーの肖像も羽毛で飾られている。

羽根飾りの大衆化

上流階級の特権だった婦人帽の羽根飾りは、十九世紀中に広く市民の間に普及することになった。これには十九世紀におけるモードの成立が要因として指摘できる。フランス革命以前は、人は身分によって「身に着けてはいけないもの、身に着けるべきもの」が固定していた。しかし、革命をリードした理念は「自由・平等・友愛」である。この理念に沿って、紆余曲折はあるものの歴史が進む中で、何とも皮肉なことだが、羽根で身を飾りたてることもまた自由・平等の対象になってしまった。もっとも、革命後直ちに羽根飾りが大流行したわけではない。

北山晴一『おしゃれの社会史』（1991年）によれば「モードが今のように大きな社会的インパクトをもつ社会・文化現象として立ち現れるようになったのは十九世紀になってからのことである。なぜなら、モード現象が十全に展開するためには、少なくとも次の三つの条件が必要だったからである。」

その三つとは、第一に衣生活の自由の制度的保障。第二は経済的条件。第三は社会的条件つまり中間階層の形成と発展である。「以上三つの条件がそろい始めたのは、パリでは十九世紀、それも1830年代以降のことではなかったろうか」（北山、同書）。

十九世紀の中頃になると、豊富なイラストと実用知識を満載した女性向けファッション雑誌の登場や、新聞広告の普及もあずかって、「外見における贅沢志向」は民衆層に広まったのである（北山、同書）。贅沢のうちには帽子の羽根飾りが含まれていたのは言うまでもない。

世紀末に向かってエスカレート

当初、婦人帽を飾っていたのは単に羽根であったが、十九世紀末に向かって次第にエスカレートしていった。まず、鳥の体から切り取った翼を、ついで「鳥の剥製そのもの」を帽子に飾ることが流行になっていった。果ては、さまざまな種類の鳥からそれぞれ切り取った体のパーツを組み合わせた珍妙な装飾物も公然と登場した（ここで嫌悪感を催した方も多いだろう。鳥の死体を帽子に飾るなんて何と悪趣味な！　それに、倫理的な問題を云々する以前に、果たしてそれは美しいのか？　美しさの基準が時代によって異なることや、流行というものの恣意的な性格を痛感した人も多いに違いない）。婦人帽の幅広いつばに剥製を飾られた鳥は多様で、アジサシやカモメ、ハチドリなどと並んでサギ類も含まれていた。

これらの羽毛や剥製は世界中から調達されていた。ロンドンやパリ、ベルリン、ウィーン、ニューヨークなど欧米の主な都市は羽毛産業と貿易の中心だったが、中でも大きな役割を担ったのはロンドンとパリである。世界各地に植民地を持つ大英帝国の首都ロンドンは、北米や南米、アジア、オーストラリアから輸入されてくる羽毛や剥製の大集散地で、そこからさらにパリへ運ばれた羽毛・剥製は加工され、パリの製品として各地に輸出された。

では、羽毛や剥製はどのように調達されていたのだろう？　南アフリカで繁殖事業が軌道に乗っていたダチョウの羽毛は別として、ほぼ全ての羽毛は野鳥から採取されていた。つまり、鳥たちは大量に殺されていたのである。

装飾用の羽毛の中でも人気を博したものの一つがシラサギ類の「蓑羽（みのばね）」（aigrette）であった。その独特の形状としなやかさとが狙われたのである。では蓑羽とは何なのか。それについて説明しておこう。

4　サギの蓑羽をめぐって

蓑羽とはどういうものか

「蓑羽（みのばね）」（aigrette）（または「蓑毛（みのげ）」）とは、とりわけダイサギ・チュウサギ・コサギ・ユキコサギなどのシラサギ類の成鳥が発達させる特別な飾り羽根のことで、しなやかで弾力性を持ち、繁殖期には長く伸長している。

一枚の羽根を木に見立てると、幹に相当するのが羽軸（うじく）である。羽軸からはたくさんの羽枝（うし）が左右へ枝のように生えており、羽枝からはさらにたくさんの小羽枝（しょううし）（あるいは羽小枝（うしょうし））が生えている。小羽枝は鉤状の突起で近くの小羽枝と連結しているので羽枝はばらけず、羽根は板のような形を保つことができる。

ところが簑羽は、羽軸から生える羽枝間の間隔が通常の羽根よりも大きく、また羽枝から分枝する小羽枝はごく短いので、板状の羽根にならない。実際に手に取ると、普通の「鳥の羽根」の感じとはかなり異なる印象を受ける。この羽根を蓑に見立てて「蓑羽」というのである。繁殖期によく発達することからも分かるが、蓑羽はディスプレイの際に用いられる。

ところで、英語で蓑羽は aigrette（エイグレット）だが、シラサギ類自体の呼称は egret（イーグレット）と言い、よく似ている。綴りから推察されるように、aigrette とはもともとフランス語で、シラサギの意味であり、起源をたどれば heron の別語形から変じたものと考えられている。十七世紀初頭の、ジャン・ニコが編集したフランス語辞書（１６０６年）では、aigrette は「白いこと以外は heron によく似た鳥である」（heron の綴りにはまだアクサンテギュが付いていない）とあり、すなわちシラサギを意味する言葉だった。現在も、コサギ（学名 *Egretta garzetta*）のフランス語名は aigrette garzette である。十七世紀末にアカデミー・フランセーズが編さんした辞書（第一版、１６９４年）では、「heron によく似ている鳥で、頭には白く高くまっすぐな羽根がついている」とあって、冠羽を持ったコサギを想起させる。

ところがこの辞書では、aigrette は「こうした羽根の何枚かでできた束のことも言う」とあり、例文として「彼は仮装して、頭には aigrette を付けていた」とある。つまり装飾用の

蓑羽の発達したチュウサギ。埼玉県。2014 年 6 月撮影。

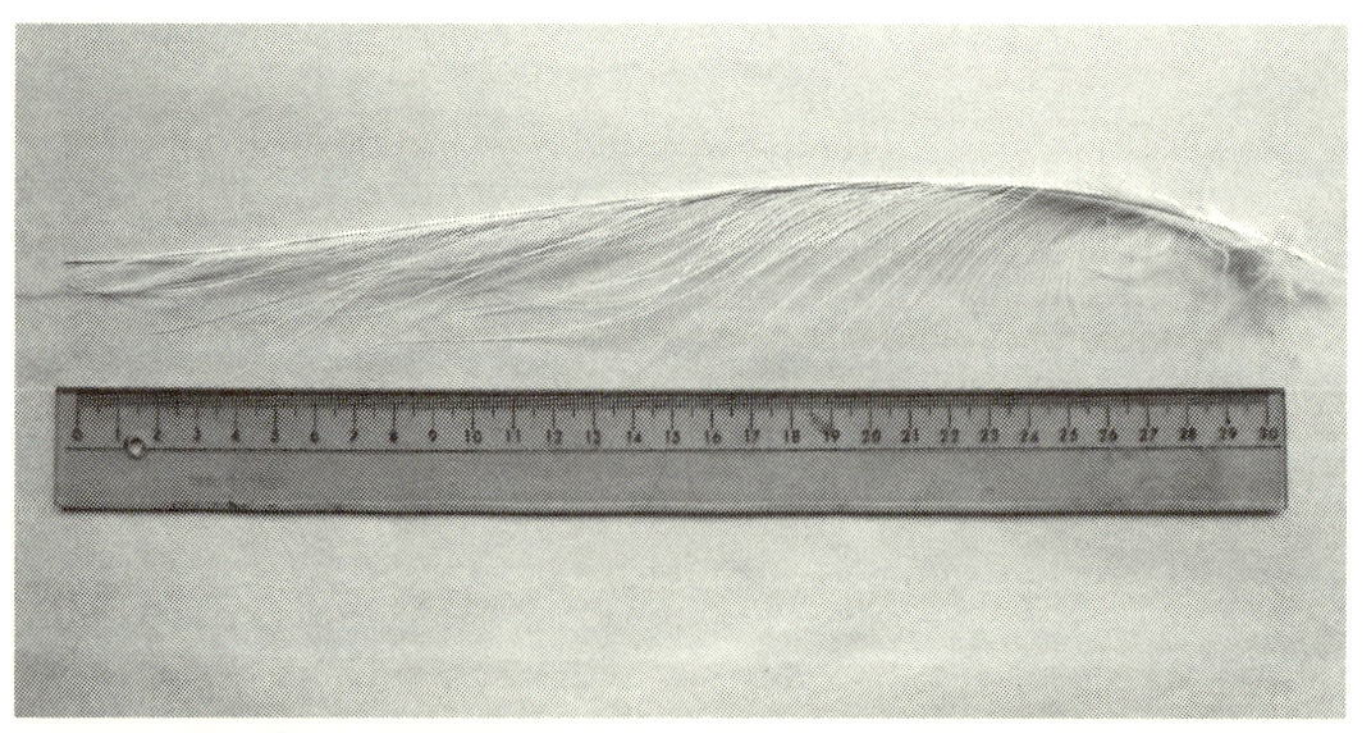

シラサギ類の蓑羽。繁殖後に落ちていたもので、おそらくダイサギのそれと思われる。

羽根飾りのこともaigretteと言っていたのだ。その上、「aigretteの羽根の束の形に並べられた、宝石でできた束のことも言う。たとえば宝石のaigrette、ダイヤモンドのaigrette」とあって、aigretteの意味が本来のシラサギから広く装飾物に拡張されていたことが分かる。

ちなみに、ジュール・ミシュレが『鳥』（１８５６年）の中で、アオサギの黒い冠羽のことをaigrette noireと形容していたのも、この系列に入るだろう。さらに１７６２年の辞書第四版では、「寝台の手すりのリンゴ型装飾にaigretteを付ける」という例文を載せている。aigretteで飾られたのは人間だけではなかったのだ。そしてこの、シラサギ及びその蓑羽の双方の意味を持つaigretteの蓑羽の方が、シラサギを意味する英単語のegretとは別の単語として、英語中に持ち込まれたのである。

婦人帽に使われた蓑羽

十九世紀に盛大化した羽毛産業に話を戻す。羽毛を供給したのは事実上すべての鳥類だった。中でも、フウチョウ類やハチドリ類、カンムリカイツブリ、カモメ類などと並んでサギ類の人気はとりわけ高かったが、その理由が蓑羽aigretteであった。図5に示したのはイギリスの風刺週刊誌『パンチ』（１８４１年創刊）の１８９２年5月14日号に掲載された「猛禽」（A Bird of Prey）と題する風刺画である。脚が猛禽類のそれになっている婦人の、過剰に装飾された帽子からは数本のaigretteが突き出ている。さらに婦人の左奥には、体にaigretteを持ったシラサギが慌てて逃げ出しにかかっている。

なお、この絵には風刺詩が付いており、その冒頭にはアルフレッド・テニスンの長詩「イン・メモリアム」（1850年）から、有名なフレーズ“Nature, red in tooth and claw”（「牙と爪を血に染めた自然」）が引用されている。「イン・メモリアム」の出版はダーウィン『種の起源』（1859年）より前であったが、このフレーズは生存競争と自然選択の時代思潮の背景をなす自然観としてしばしば言及されている。松永俊男の言葉を借りると「自然を闘いの場と見るビクトリア朝の自然観を象徴する言葉として有名である」（『ダーウィンをめぐる人々』1987年）。

シラサギの蓑羽の価格は、同じ重さの金にほぼ匹敵したという。1903年の1年間に、シラサギの蓑羽4万8240オンスがロンドンの取引市場で扱われたが、1オンス（約28グラム）の蓑羽には4羽のサギが必要として、これは19万2960羽のサギが殺されたことを意味する（Allen 1973）。恐るべき数字だ。この時期に、ダイサギ、チュウサギ、コサギ、新大陸のユキコサギなどシラサギ類が世界規模で絶滅に瀕したというのは決して誇張ではなかった。

図5 「猛禽」(『パンチ』1892年5月14日号)。19世紀末の婦人帽を風刺している。羽毛で飾りたてた婦人を猛禽にたとえている。婦人の左側には蓑羽を持つサギが逃げ出すところが描かれる。

5　深刻な影響は世界に及ぶ

オーストラリアの現場から

蓑羽はどのようにして調達されたのか。ダイサギ、チュウサギ、コサギ、ユキコサギなどのシラサギ類はコロニーを作って繁殖する。だから、コロニーで巣についている個体たちを銃で狙えば、効率よく多くの羽毛を得ることができる。親鳥が撃たれれば、巣にいるヒナや卵も当然のこと死んでしまう。以下、サギ類の受難を各地で見てみよう。

この時期に、オーストラリアの鳥類学会誌 *The Emu* にA・H・E・マッティングレーが寄せた二つの報告がある（いずれも1907年）。一つはニューサウスウェールズのサギ類のコロニーを1906年11月3日に訪ねた際の記録である。ここに混合コロニーを作っていたサギ類は、ダイサギ、チュウサギ、ハシブトゴイ、カオジロサギ（*Egretta novaehollandiae*）、シロガシラサギ（*Ardea pacifica*）である（後者二種は日本には生息しない。ハシブトゴイは第Ⅱ部3で紹介した）。以前にマッティングレーが訪れたときと比べて、特にダイサギの減少は著しかった。「婦人帽の装飾用に背中の羽毛が用いられ、羽毛ハンターが繁殖期に巣についている個体を撃つため、以前は７００羽もいたのに、１５０羽にまで激減していた」と彼は書いている。

二つめの報告では、クリスマスホリデーにコロニーを再訪したさいのことを述べている。「コロニーに近づくと、水草や丸太の上に少なくとも50羽のダイサギとチュウサギの死体が散乱していた。コロニーの３分の１以上の数である。その上、２００羽ほどのヒナが飢死するに任されていた。」

写真付きで報じられた惨状は多くの人を戦慄させた。１９１１年にイギリスの王立鳥類保護協会（略称ＲＳＰＢ）が羽毛産業に反対して出版したパンフレットにはマッティングレーの報告が大きく引用されている。

北米での状況

アメリカではどうだったのだろう。ジュール・ミシュレは随筆『鳥』（１８５６年）の中でフランスのサギ（アオサギのこと）の衰亡を悲しむ一方で、「鷺（héron）の命運は、アメリカではそれほどいちじるしくない。追跡されることも少ない。原野はもっと広い。鷺はいまでも、なつかしい沼地のほとりに、ほのぐらい、ほとんど人がはいって行けない森林を見いだしている」（石川湧訳『博物誌　鳥』１９８０年）と書いている。ここでの「鷺」はアオサギの新大陸における近似種オオアオサギだろう。あるいはミシュレの言うように、この時点ではアメリカのサギ類に深刻な危機はまだ忍び寄っていなかったのかも知れない。

しかし、事態が激変するまで時間はさほどかからなかった。セアラ・O・ジューエットの「一羽の白い鷺」（*A White Heron*, 1886）という短編小説がある。ニューハンプシャーの森の中の住まいで、祖母と二人で生活している9歳の少女シルヴィアは、ある日、肩に銃を背負った若いハンターに偶然出会う。青年が言うには「自分は鳥の剥製を集めている。」「この五年間、ずっと追い続けている、すごく希少な鳥の種類が二つ三つある。」「それを剥製にして保存しておくんだ。」「土曜日に、ここから二、三マイルのところで白いサギを見かけて、それがこちらの方向に飛んで行くのを追いかけてきたんだ。白いサギはこの地方では一度も見つかっていない。小型の白いサギなんだ」（以上、筆者訳による）。

この「小型の白いサギ」について、別の個所では「冠羽のある頭部」（crested head）と書かれているので種が分かる。青年がいう「小型の白いサギ」とは、旧大陸のコサギに近縁の新大陸の種、つまりユキコサギ（snowy egret　漢字表記で雪小鷺。学名 *Egretta thula*）である（ちなみに、小説の表題には egret でなく heron が使われている。heron の語はサギ類全体の総称としても用いられることがある）。

この小説に登場する青年は剥製のコレクターで、営利目的の羽毛ハンターとは書かれていない。しかし、十九世紀の北米では、羽毛ハンターの活動によってシラサギ類が激減したのは事実である（Hancock 2000）。結局、少女は自分が見つけたサギの巣を青年に教えることはせず、青年は去っていく。小説中では単独で営巣していることになっているが、ユキコサギは集団営巣する傾向の強い鳥である。あるいは、個体数の激減した状況下で単独営巣していたのだろうか。小説中のことではあるが、気になるところだ。

イギリスのケース

一方、もともとシラサギ類の少なかったイギリスではどうだったのか。ここでも多種の鳥たちが迫害に遭ったが、とりわけ苦境に陥ったのはカンムリカイツブリ（漢字表記では冠鳰。学名 *Podiceps cristatus*）である。その胸の純白の羽毛が装飾用として狙われたのだ。「かつて広くブリテン島に分布していた本種は、１８６０年までに42ペアにまで激減した。」

しかし、「鳥類保護法の成立は個体群の再構築を促した。トリング地方（ロンドンの北西に位置する）の貯水池には、１８６７年の時点で繁殖ペアはわずか一つだけだったのが、１８８４年には75ペアにまで増加し、ハートフォードシャーから南イングランド全体に広がっていった」（Greenoak 1997）。野放図な羽毛産業に反対して起きた鳥類保護の機運については後述する。

6　悪影響は日本へも

激減する鳥類

帽子に羽根飾りを用いない日本でも、世界的な流行のことは知られていた。次は宮澤賢治の「黄いろのトマト」（生前未発表）の一節である。

「乗ってるものはみな赤シャツで、てかてか光る赤革の長靴をはき、帽子には鷺の毛やなにか、白いひらひらするものをつけていた。」

この「帽子につけた白いひらひらする鷺の毛」がシラサギ類の蓑羽である。

一般的に明治時代は、とりわけ大型の鳥獣にとって受難の時代であった。それまで銃を所持・使用できる人は限られていたのが、一般に普及したのである。高性能の国産銃である村田銃の開発と、その猟銃としての改良・普及がこれに拍車をかけた。この時代に、ニホンオオカミやエゾオオカミは絶滅し、ニホンカワウソは激減して絶滅への道を歩き始めた。トキとコウノトリも例外ではない。日本のトキは江戸時代後期には全国各地で見られるありふれた鳥だったが（安田健『江戸諸国産物帳　丹羽正伯の人と仕事』１９８７年）、明治時代から乱獲が始まり、大正末期には絶滅したと思われたほどに激減した。コウノトリもこの時代に激減した。

これに加えて、多くの鳥類には装飾用の羽毛目当ての捕殺という事態が襲いかかった。羽根飾りを付けた婦人帽が日本で流行したわけではないが、鳥は輸出品として乱獲されたのである。明治政府の「お雇い外国人」として東京帝国大学教授を務めたイギリス人、B・H・チェンバレン（1850〜1935）は『日本事物誌』の中で次のように嘆いている。

「雉は、残念にも数が減少してきた。外国の婦人帽子を飾る羽根として輸出するために、大規模に殺されるからである。種々の小鳥類も、今では同じ運命を辿りつつある。一度に10万羽も船で送られて、その小さな羽根が、種々の色に染められ、婦人の装飾や美術品を作るのに利用されるという話である。外国と交際が始まり、安価に、しかも迅速に輸送できるようになったが、以上はそのマイナス面のいくつかである」（高梨健吉による第6版・1939年の和訳。初版は1890年）。

これらの鳥のうちには当然のことサギ類も含まれていた。草創期の日本鳥学会の会誌『鳥』創刊第1号（1915年）には内田清之助の「鳥の羽毛の用途」と題した報文が掲載されており、その中で内田は鳥類の羽毛の用途を二つあげている。一つは綿の代わりとしてクッションや織物に使われるもので、これには特に海鳥の綿毛が最上品だという。しかし、第一のものは婦人帽の飾りで、「翼及尾羽ガ主トシテ用ヰラレ、其他駝鳥ノ羽毛ダトカ白鷺ノ簑毛ダトカ特殊ナモノガ使用セラレル」と書いている。そのため「鳥類ガ年々捕殺サレル数ハ莫大」で、世界各国とも鳥類が著しく減少している。そして、「特ニ白鷺ノ如キハ其簑毛ガ飾羽トシテ最貴重ナルガ為メ――1匁〔3・75グラム〕五六円ヲ値ス――乱獲最甚シク之ガ為メ此鳥ガ絶滅シタ地方ガ二三ニ止マラヌ有様デアル。」

残念ながら日本国内でのサギ類の乱獲の具体例は示されていない。しかし、『鳥』第1巻第5号（1917年）では、「鶉(うずら)ノ家」氏が、7月22日のこととして、東京郊外で水田中にシラサギ50～60羽の群れを電車の中から目撃し、「近来東京ノ郊外ニ少クナリタルニ」「珍シキコトトナルベシ」と述べている。むしろ控えめな文章にも見えるが、この時代、サギ類の減少は進行中だったに違いない。

国内の鳥類に関して、同報文の中で内田は「従来此問題ニ就テハ別ニ何等ノ注意モ払ハレズニヲツタ為メニ欧米諸国デハ適当ナ供給地ト心得多数ノ注文ヲ発シ之ガ為メ可憐ナ小鳥ガ如何ニ多ク犠牲ニ供セラレタ」と書いて、世界各地への剥製鳥の輸出額を掲載し、またツグミやモズ、スズメなどさまざまな鳥類の価格を載せている。スズメにまで値（単価は安く、六厘五毛である）がついて売られていたことは驚きだが、中でも抜きんでて単価の高かったのはキジやヤマドリのオス（三五銭）とオシドリのオス（三八銭）、それにアジサシ（三五銭）である。大きな体サイズと美麗な羽色が災いしたのである。

サギ類もまた受難

平岡昭利『アホウドリと「帝国」日本の拡大』（2012年）、及びそのダイジェスト版『アホウドリを追った日本人』（2015年）は、日本人が戦前、海鳥とりわけアホウドリの羽毛を求めていかに太平洋の島々に進出していったか、その実態をさまざまな史料から明らかにした、それ自体非常に興味深い著書である。扱われているのはほとんどが海鳥に関することだが、同書中には当時の日本からフランスへの重要な輸出品であった羽毛一般についても触れられている。中でも「サギの首下の羽毛であるミノ毛（蓑毛）は、少量しか採取できないことから驚くほど高価で、重量当たりでは金価格に匹敵するほどであった」（平岡、2012年）。同書には「サギのミノ毛は、キロ当たり300〜400円と驚くほどの高値で売買されてい」たとも書かれている。これだと1匁の値はせいぜい1・5円なので、先述の内田（1915年）の示す1匁5、6円という値とは大きく相違する。相違の理由は不明であるが、いずれにせよ相当な高値で取引されていたことは確実である。

名著『野田の鷺山』（小杉昭光、1980年）には、この時代にシラサギの蓑羽を求めた人たちのことが書かれている。少し長いが以下に引用する。

「このころから、初夏から初秋にかけての野田の鷺山に、東京は浅草の羽毛問屋から、白鷺の蓑羽を買い集める人がやって来るようになった。」「この蓑羽を婦人帽の飾り用にフランスに輸出したものだそうだが、土地の古老たちの言によると、明治末年から大正初年にかけては、一本二銭くらいで売れた。」「（婦人帽の羽根飾りに）利用された鳥は非常に多くの種類に及んでいるが、主要なものはダチョウ、ゴクラクチョウ、クジャク、キジ、シラサギ、アオサギ、ツバメ、フクロウ、ハト、オウム、カイツブリなどである。それらのうちでも鷺の蓑羽はたいへん珍重された羽毛だった。蓑羽は白く繊細で、しなやかで、しかも形が崩れないので、きわめて上等な装飾用の羽毛としてもてはやされ、普通の人々にはなかなか手の出せない高嶺の花だった。」「ひなを育てている親鳥を鉄砲で撃ち殺して、蓑羽をとるようになった。すると親鳥が死ぬだけでなく、親を失ったひなや卵も死ぬことになるので、白鷺は世界各地で急速にその数を減少させていった。」

上に引用した文中冒頭の「このころから」というのは、「大正に入って間もない大正三年〔1914年〕」のころのようだ。羽毛ハンターの活動期としてはむしろ遅いように思われる。しかし、それに先立つ時代のこととして、同書には「老人たちの記憶によると、クロトキが姿を消した後、白鷺やアマサギも次第に減少し、日露戦争〔1904～05年〕後の鷺山はほとんどゴイサギばかりになってしまったという」とある。あるいはすでに羽毛ハンターによってシラサギ類の減少が野田にも及んでいたのではないかと思われる。

また、「蓑羽の値がもっとも高くなったのは、大正八、九年のころだった。上等な蓑羽だと、一本二十銭くらいに売れたという。一羽の白鷺には蓑羽が四十から六十本生じるから、一羽を捕えると八円から十二円ものお金になる。当時の野田では米が一俵八円から十円だったという」とも書かれている。大正八、九年（1919、20年）だと羽根飾りの世界的流行からいえば遅いほうであろう。

当時、野田の鷺山では、営巣木のある民地の所有者たちはサギを大事に保護していた。だから、蓑羽採取の目的で人が押し寄せてくるようになったのは、他のコロニーでの採取効率が悪くなったからだと考えられる。事態がそこに至るまでには多数の無名のコロニーの破壊があったに違いない。

7　果敢に立ち向かった人たち

このような風潮の時代にあって、鳥類への共感を公にし、保護の機運を高めるのに貢献した人たちがいた。そのうちから、ここでは三人の文化人を紹介したい。さらに、彼らがサギ類、特にアオサギをどのように表現したかを述べておく。

先駆者ミシュレ

まず、時代はいくぶん遡るが、フランスの歴史家・随筆家、ジュール・ミシュレ（1798～1874）を取り上げたい。ミシュレの名前は本書中ですでに何度も言及済みである。この高名な歴史家は、共和政の熱烈な支持者であったためにルイ・ナポレオンから疎まれてコレージュ・ド・フランス教授の職を追われ、不遇であった後年に、自然をテーマとした随筆を『鳥』『虫』『海』『山』と四冊著している。これらの執筆に当たっては、ミシュレの「第二の魂」（『山』による）と言われた妻アテナイスの多大な影響があったとされている。四冊のうち最初に刊行された『鳥』（1856年、邦訳『博物誌　鳥』石川湧訳、1980年）は、当時の野生動物、とりわけ鳥類が置かれた逆境に対する著者の深い同情にあふれている。「もっとも高い、もっとも柔和な、人間に対しもっとも共感的な、あのつばさある種類は、人間が今日もっとも残酷に追撃しているところの種類なのだ」（同訳書）。

鳥類への迫害としてミシュレが同訳書中であげているのは、人間の進出による住み場の退行であり、鳥の生態の無知と誤解から生じる鳥類の駆除である。これに銃の改良が輪をかけたに違いない。一方で、婦人帽のことは『博物誌　鳥』には述べられていない。サギ（アオ

パリのペール・ラシェーズ墓地にあるミシュレの墓。2014年12月撮影。

サギ）の衰亡に限って言えば、ミシュレが言及しているのはまず鷹狩りである。「国王たちは彼〔アオサギ〕を目して王者の獲物、高貴な鷹の目標としていた。鷺狩りはあまりさかんにおこなわれたので、フランソア一世の時代〔十六世紀前半〕にはすでに少なくなってしまった。」

前にも述べたことだが、ミシュレも言うように、アオサギはヨーロッパで伝統的に鷹狩りの格好の獲物とされていた。それは絵画芸術においても、D・テニールス（十七世紀）やサー・E・H・ランドシーア（十九世紀）の絵によってうかがい知ることができる。

次には、サギ類の生息地への人間の進出である。「われわれが土地を侵略するにつれて、ほこりっぽい野原や沼地の好きなこの種族は、かれらの生活をよそに求めて立ち去ってしまう。われらの進歩は、ある意味でわれらの貧困となる。イギリスでも、これと同じ事実が指摘されている。」「鷺の群は、十九世紀の功利主義的進歩に面して、日毎に疎開しつつある」（同訳書）。日本の水田のような代替湿地を持たない西欧では、湿地への人間の進出はサギ類の退行に直結したに違いない。

ミシュレのスローガンは、ルソーの「自然に帰れ！」ではない。「自然を守れ！」が彼の主張なのだ（大野一道『ミシュレ伝』1998年）。人間によって衰亡しつつある鳥類に向けたミシュレのまなざしは、社会的弱者への共感と通底している。ミシュレの著作は鳥類保護の社会的心情の醸成に貢献し、来たるべき時代の先駆けとなったと言えよう。

鳥類への共感——ワッツ

二番目に紹介するのは、イギリスの画家ジョージ・フレデリック・ワッツ（1817〜1904）である。多数の肖像画の他、**Hope**（「希望」1885〜86年）などの寓意的・象徴的な絵を描いたワッツは、数は多くないが鳥類への深い共感を示す作品を残している。画家としてのキャリアーの初期（1837年）に描き、ロイヤルアカデミーに出展した**A Wounded Heron** は、鷹狩りの獲物となったアオサギをテーマとしている。当時まだ20歳だったワッツは、ロンドン市内の店頭に展示されているアオサギを見かけ、その美しさに打たれて購入して描いたものである。表題は「傷ついたアオサギ」だが、描かれているのは負傷したというより死に瀕したアオサギの「その生命の最後の瞬間」（ワッツ・ギャラリー内の解説）である。しかし、その眼はなお光を保っており、観る者に強い印象を与える。アオサギの右側の遠景には馬上の人物が描かれ、これが鷹狩りをしている人だろう。

これとは別にワッツは Hawking（「鷹狩り」）という絵も同時期に描いており、そこでは鷹狩りを行う二人の人物（一人は手にタカを止まらせている）と二頭の馬がおり、馬の横には獲物となったアオサギの死体が描かれている。A Wounded Heron を描くに当たり、あるいはランドシーアの Hawking（１８３２年）が画想を与えたのではないかとも指摘されている（Bills and Bryant 2008）。しかし両者には大きな違いがあり、ワッツの絵の主題がアオサギそのものであるのに対し、ランドシーアの絵ではアオサギとそれに襲いかかった二羽のハヤブサの描かれた空中シーンが主題で、勇壮な鷹狩り行為を描くこと自体が目的だと思われる。

ワッツの作品の多くは、ロンドンの南西、サリー州コンプトンのワッツ・ギャラリーにある。のどかな田園に位置する、ワッツの作品だけを収めたこのギャラリーを、筆者は２０１4年9月に訪ね、A Wounded Heron と対面することができた。

ワッツが鳥をモチーフとした作品は決して多くない。しかし一貫して彼は鳥類への愛情と、

ワッツ・ギャラリーの“A Wounded Heron”と筆者。
2014 年 9 月撮影。

それが無慈悲に殺戮されていることへの悲哀を持ち続けた。ずっと後年になってワッツはA Dedication（「献身」）という示唆的な作品（１８９８～９９年）を描いている。日没の光を背に、無残にもバラバラにされた鳥たちの遺骸の置かれた祭壇を前に、天使が両手で顔を覆って深い悲しみにくれている。この絵には「美しいものを愛し、鳥の生命と美を無情・残酷に殺すことを嘆くすべての人へ」と副題がついている。鳥類保護協会（略称ＳＰＢ。王立鳥類保護協会（ＲＳＰＢ）の前身）のリーフレットにも用いられたこの絵は、Ｗ・Ｈ・ハドスンが１８９３年に『タイムズ』紙に寄稿した一文 Feathered Women（「羽根で飾りたてる婦人たち」）が醸成した時代思潮を背景に描かれた。

アオサギを描いた印象派

「描かれたアオサギ」の話の終わりに、印象派の画家たちが描いたアオサギに触れておきたい。十九世紀の西欧絵画でアオサギをモチーフとしたものは限られているが、そのうちでアルフレッド・シスレー（1839〜99）とフレデリック・バジール（1841〜70）が描いた作品（ともに1867年制作）がよく知られており、どちらも今はモンペリエのファーブル美術館に収蔵されている。シスレーの絵は「翼を拡げたアオサギ」、バジールの絵は「アオサギのある静物」と題されているのだが、パリのアトリエでこの絵を制作中のバジール自身の姿が友人ピエール＝オーギュスト・ルノワールによって描かれている（表題は「フレデリック・バジール」1867年）。

シスレーとバジールの絵ではどちらも、脚を吊るされたアオサギの死体とともにカケスやカササギの死体が描かれており、配置やアングルは異なるが同じ対象物を描いたもので、あるいは二人は画架を並べていたのだろうか。印象派の画家たちにしては珍しいテーマで、風景画をよくしたシスレーに関してとりわけそう思える。ここでは鳥たちは生物としての（生物であったことの）輝きはなく、「静物」として扱われている。あるいは、羽毛の一枚一枚が作り出す模様や、特にアオサギの頸の点々と続く黒斑が印象派の筆触にはぴったりで、それが画家たちを刺激したのではないかと筆者は思っているが、どんなものだろう。

鳥と自然――ハドスンの文学

三人目の文化人として、本書中ですでに名前のあがったW・H・ハドスン（1841～1922）を紹介する。ウィリアム・ヘンリー・ハドスンはイギリスの作家・博物学者だが、生まれ育ったのはアルゼンチンである。30歳を過ぎてからイギリスにわたって活動したが、帰化したのはずっと遅く60歳になってからであった。ハドスンの最も知られた小説は『緑の館』（1904年）だろう。「熱帯林のロマンス」と副題されたストーリーは甘く苦くそして切なく、還暦を過ぎた筆者でさえ読み終わってしばし頭の中がぼうっと（不覚にも！）してしまったほどである。しかし、ハドスン文学の真骨頂はむしろ自然、とりわけ鳥をめぐるノンフィクションであり、読むと鳥たちへの愛情と共感が伝わってくる。特筆すべきはハドスンによる鳥たちの声の描写で、深く豊かな形容は独自で他の追随を許さない。

ハドスンはアルゼンチンで過ごした幼少期から、自然と動物、とりわけ鳥類に親しんでいた。『はるかな国　とおい昔』（1918年）は、美しい文章で綴られた幼少期の自伝であり、どのような環境と経験とによって彼の心性が醸成されたかがよく分かる。その彼が渡英してからも鳥類の境遇に深い関心を寄せていたことは当然であり、その心情は、『エル・オンブ』（1902年）や『老木哀話』（1920年）（いずれも柏倉俊三訳、1956年）などの小説における社会的弱者への強い共感と相通じている。ハドスンには鳥に関した著作が多数あるが、そのうちでも、『鳥たちをめぐる冒険』（1913年）の中には、時代の風潮に対する作者の心情がちりばめられている。

「この国〔イギリス〕に住む人々の大半は、美しい野鳥が生きのこることをねがっていると確信できる。反対する人間がいるとしたら、その第一番めは金持ちの野蛮人だ。彼らは狩猟のことしか考えない。あの、はた迷惑な外来種、半家禽化したキジのためなら、彼らはツグミより大きな鳥の殺戮をよろこんで傍観する。二番めは『英国の田園の呪われた存在』、蒐集家である。そして最後になるが、数の上では決して少なくないのが、殺された鳥の飾り羽や残骸で自分の頭を飾りたてたがる、恐ろしき女性の一連隊だ」（黒田晶子訳、1992年）と作家は書いている。

上記の文中、「キジのためなら」云々に関連して、アオサギの声がキジを怯えさせる（！）との理由でコロニーが破壊された例が同訳書中に述べられている。ついでながら、切手やら燭台やらスプーンやら、何でも集めたがるイギリス人の収集癖は有名で、大英博物館の例を持ち出すまでもない。この文を読んで苦笑した人も多かろう。

鳥類保護問題についてハドスンは積極的に発言し、新聞にもたびたび寄稿している。前述の『タイムズ』紙に掲載されたハドスンのレター（1893年）は影響力が大きかった。彼は1891年の鳥類保護協会の創立にも参加し、会長を務めている。

そのハドスンは、『鳥たちをめぐる冒険』の中で、アオサギについて「あの、まるで棒のようにつったっている、思いつめたような、寄りつきがたいアオサギ」「アオサギが気をゆるすことはまれで、本来彼らは気むずかしやである」と書いている。ここでも「孤独なアオサギ」像が姿を現しているのだ。

8 野鳥保護運動の高揚へ

装飾に羽毛を利用することは、ヨーロッパの文化的伝統で長い歴史を有していた。羽毛は階級や権威のシンボルとして称賛され、ぜいたくを規制する法律が、羽毛をエリートと支配者のために保存してきた。この事態を変更することは容易なことではなかった。文化史的背景ばかりではない。十九世紀後半には羽毛を採取・流通・加工・販売する産業に多数の人々が従事していた。一例をあげると、当時パリとその周辺では一万人を超える人たちが羽毛産業に従事していたという（del Hoyo et al. 1992）。いつの時代もそうだが、自然を破壊することで利益・収入を得る人たちが現れると、とたんに自然保護運動は困難なものになってしまう。羽毛産業を終わらせるのは長く苦しい戦いだったのである。

しかし、鳥類保護論者たちは困難な戦いを開始した。長期にわたるこの戦いについては、R・W・ダウティの包括的な著書『羽毛ファッションと鳥類保護』（*Feather Fashions and Bird Preservation*, 1975）の他、同じくダウティの論文（1972年）や、この問題で活躍した人物群像に焦点を当てたムーア＝コリヤーの論文（2000年）ほかがある。以下、それらを参照しながら話を進めていくことにする。

イギリスの王立鳥類保護協会

運動推進の過程でイギリスの鳥類保護協会（SPB）が1889年に、ついでアメリカのオーデュボン協会が1905年に、それぞれ設立されたことは画期的なことであった。

まずイギリスの場合を見てみよう。シラサギ類の生息がごく限られているイギリスの場合、鳥類保護協会の設立時にはカンムリカイツブリ保護が大きな目的だったが、もちろん保護の対象はさまざまな鳥類であった。声をあげたのは文化人たちばかりではない。ケンブリッジ大学の鳥類学者A・ニュートンは、ミツユビカモメなどの海鳥や、湿地の鳥が多数撃たれていることを指摘した。旅行者たちもラテンアメリカや太平洋の島々で、集団繁殖地の惨状について叙述した。

イギリスの鳥類保護協会の総裁だったポートランド公爵夫人は、エドワード七世妃アレクサンドラに、残酷な羽毛ファッションについて覚書を送ったが、それに応えた王妃の「自分は決して羽根飾りを身につけない」という言葉はたくさんの報告や演説よりも影響力を持った。さすがに羽毛業者たちも、王妃を「センチメンタルな少数派」と貶めることはできなかったのである。王室からの支持は大きな励ましであった。鳥類保護協会に「王立」（Royal）の名を冠する許可が1904年に下り、以後、鳥類保護協会（SPB）は王立鳥類保護協会（RSPB）と改称することになった。

他方、この長期戦での羽毛業者側からの反論もすさまじかった。何しろ、鳥類の生態がまだよく分かっておらず、科学的なデータも乏しかった時代である。相手側の理論上の不備を突くことは容易だったろう。ロンドン商工会議所のC・F・ダウンハムはとりわけ手ごわい論客だった。サギ類に関して言えば、蓑羽採取を目的とするサギ類「殺戮」の告発に対して、彼らは二つの返答を用意した。第一に、蓑羽は繁殖期の終わりに地面から拾った換羽後のものだから、「殺戮」の批判は当たらない。第二に、シラサギは飼育下で繁殖・生育させたものので、定期的に手ごろな羽根を抜き取っている。だから残酷な行為との非難は的外れだというのである。

これらの弁明には若干の真実が混じっていた。事実、インド（当時）のパンジャブ州とシンド州ではコサギが家禽のように飼育されていたし、地区の官吏はそのようなローカルな産業を政府の支援によって奨励した。なお、蓑羽採取の目的でシラサギが飼育される話は日本でも鷹司信輔によって『鳥』誌上（1915年）に紹介されている。

しかし実際のところ、シラサギ類は大規模にインド、ラテンアメリカ、オーストラリア、ヨーロッパ、アフリカその他で撃たれていた。擦り切れていない新鮮な蓑羽は高価だったのである。ロンドンでは1913年1月だけで、2万5000羽のハチドリと2万2000羽の外国産ハトに加えて、7万7000羽のシラサギ類の死体が売られていた（Moore-Colyer 2000）。

オーデュボン協会とボストンの二婦人

次にアメリカの場合を見てみよう。オーデュボン協会の名称は、十九世紀前半に活動した、北米産鳥類の研究家・画家のJ・J・オーデュボンに由来する。米国各地のオーデュボン協会のうちで最初に作られたのはマサチューセッツ州のオーデュボン協会で、それは1896年のことであったが、1890年代の羽毛装飾反対運動の中で、オーデュボン協会はアメリカ各地域に作られ広がっていった。イギリスの王立鳥類保護協会と密接な関係を保ちながら、オーデュボン協会員は婦人たちに、サギ類、フウチョウ類、カモメ類、アジサシ類ほか多数の鳥がロンドン、パリ、そしてニューヨークのファッション市場で失われていることを知らせ、啓発に努めた。

実際、1900年までに、合衆国では毎年少なくとも500万羽の鳥がファッションのために殺されていたのである。1905年は全米組織としてのオーデュボン協会の結成年だが、この年は協会の監視員ガイ・ブラッドレイがフロリダで密猟者に殺害される事件が起きた年でもあった。1912年の時点で、なおもサギの蓑羽はニューヨークでは1オンス80ドルで売られていた。

鳥類保護運動の過程で、啓蒙活動や政界への働きかけの役割はもちろん大きかったが、それだけではない。ダウティ（1972年）は、最終的に羽毛の装飾利用を終わらせた社会的要因として、第一次大戦（1914〜18年）によって装飾用羽毛の需要自体が低下したことと並んで、女性自身の社会的地位の向上を指摘している。社会における女性の役割とイメージが大きく変化し、「社会の飾り物」でなく職業上の視点から物事を考えるようになったのである。

女性たち自らが羽毛の婦人帽利用に反対することの意味は大きかった。なかでもボストンの二婦人、ハリエット・ヘメンウェイとミンナ・ホールの活躍には目をみはるものがあった。地元の名士婦人たちに訴えかけて、全米で事実上初めてのオーデュボン協会が1896年にマサチューセッツ州に設立された。子どもたちへの教育活動はもちろん、男性たちも巻き込んで鳥類を保護する法律の制定に尽力したことなど、彼女たちの活動は目覚ましかった。まだ女性には投票権もない時代だったことを考えると、彼女たちの勇気と行動力は驚嘆に値する。

ファッション雑誌『ハーパーズ・バザー』

装飾物としての羽毛利用への反対運動においてファッション雑誌が活躍したといえば、奇異な感じがする。しかし、ニューヨークで1867年に創刊され、現在にまで続くファッション雑誌『ハーパーズ・バザー』（*Harper's Bazar*。後に *Harper's Bazaar*）の果たした役割は特筆すべきだろう。婦人帽に羽毛や剥製を利用することに反対する、メアリ・サッチャーの長文の投書「無辜のものの殺戮」（The Slaughter of the Innocents）が同誌に掲載されたのは1875年のことで、バーゾール（2002年）によれば、これはメディアが婦人帽の羽毛装飾問題を取り上げた最初のものである。それ以後、『ハーパーズ・バザー』は女性にファッションを提示しながらも、ファッションの持つ社会的・倫理的問題をも扱う態度を一貫して保持した。

バーゾールはその根拠の一つとして、創刊時から1913年にハースト家によって買収されるまで、同誌の編集がずっと女性によって担われたことをあげている（Birdsall 2002）。婦人帽問題の解決には女性自らの変革が何より肝要なことだったのであり、それは女性の社会進出・権利拡大と連動していた。

婦人帽問題の最終的解決には、法律の整備とその実質的施行が必要だった。イギリスで羽毛輸入禁止法案が議会に提出されたのは1908年だったが、第一次世界大戦が間に挟まったこともあり、この法案が通過したのは何と1921年、効力を持ったのはその翌年で、W・H・ハドスンの死去に先立つ5ヵ月前のことであった。一方、アメリカでは1901年に水鳥類を羽毛ハンターから保護する法が通過しており、1910年にはニューヨーク州議会が、保護鳥類の売買を禁じるオーデュボン羽毛法を定めている。こうして、羽毛による装飾問題がやっと終焉を迎えたのは1920年前後のことであった。しかし、長く困難な道のりを通して、野鳥保護ひいては野生生物保護の機運は確実に高まり、イギリスとアメリカを先駆者として、欧米の社会に根付いたのである。

日本の場合は

ひるがえって、羽毛ファッションには縁遠くとも、羽毛輸出国として役割を演じた日本ではどうであったのか。日本鳥学会誌『鳥』の創刊号（1915年）には、渡瀬庄三郎（生物地理学上の「渡瀬線」で知られる）が「『鳥ノ記念日』ニ就テ」と題した巻頭言を寄せており、アメリカでBird Dayが設立されたことを紹介し、日本でも「鳥の記念日」を設けることを提唱している。しかし、実際に「バードデー」(後に「愛鳥週間」)が定められたのはずっと遅く、連合軍占領下の1947年のことであり、その提唱者はGHQに勤務するアメリカ人O・L・オースチン博士であった。そして、わが日本での野生生物保護の社会意識の向上には、1960年代の高度経済成長期の深刻な自然破壊——サギ類に関することでは、野田の鷺山や猿賀神社コロニーの消滅が象徴的な例である——の経験とその反省を経ることが必要だったのである。

少し長めのあとがき

筆者の専門は動物生態学です。捕食・被食関係の視点から魚類と魚食性鳥類との関係を調べるのを主要なテーマとしていました。本来は自然科学畑の筆者が、自然科学から相当にはみ出た内容の本を書くに至った経緯について述べておこうと思います。

筆者は定年まで弘前大学の農学生命科学部に在職していました。学部で受け持っていた専門講義の一つが「水圏生態学」で、水田や河川、湖沼の主に動物の生態が中心的内容です。魚類や水生昆虫、プランクトンなどの生態を学生に話すかたわら、ずっと自問していたことがありました。それは「いくら生態学・生物学を熱心に説いても、果たしてそれだけで聴く側がその生物に親しみを感じ、保全に関心を持つだろうか？」という疑問です。現代は多くの野生生物が生存の危機にある時代です。とりわけ水田地帯の動物たちは、その多くが軒並みレッドリストに掲載されている有様で、保全が必要な種の数は増えていく一方です。

生き物の保全を進めていく際に、当の生き物の生物学が必要なことは言うまでもありません。それを間違えてしまうと、保全のつもりが大失敗に終わる可能性さえあります。だから生物学的に正しい知識の集積は不可欠ですが、しかし、人が生き物に親しみを持つのは、生物学的な知識ゆえにだけではないのです。その生き物と人とがどのような関わり合いの歴史を共有してきたのか、それを知ることはこれからの良好な関係を探る際に必ず有益で必要なものになるでしょう。そのような「生物と人との関わり合いの歴史」は、私自身、アオサギやメダカなど限られた種類の動物ですが、関心を持ち考えてきたことです。

しかし、そういう話題は生物学自体ではありません。いくつかの動物について私自身が考えてきたことも果たして的を射たものなのか、まだ確信を持つには至っていませんでした。

十年ともう少し前になりますが、思い切って、さまざまな生物に対して日本人が持つ「動物観」の話を講義中に取り込むことにしました。題材には、アオサギはもちろん、他にメダカやカエル類なども取り上げました。最初のうちは「余談だが」と前置きして講義中に少し織り込む程度でしたが、後には１コマ90分の時間を２コマ割いても足りなくなりました。講義を重ねるうち、筆者自身の動物観も輪郭がより鮮明になってきたと思います。そういう話題になると急に身を乗り出して聴き始める学生がいることも励みになりました。

さらに、２０１２年から２０１３年には、機会をいただいて青森県の地元紙『陸奥新報』上に「動物とヒトの交差点」と題して連載記事を書いていましたが、その前半部ではアオサギを扱い、後半部ではメダカやカエル類など水田の動物たちについて、文学的な話題も挟み込みながら、その生活ぶりを紹介したものです。この連載記事を受け持ったことはいい経験になりました。

本書の第Ⅰ部と第Ⅱ部は、『陸奥新報』に連載した記事のうち、アオサギを扱った前半部を大幅に加工加筆したものです。第Ⅰ部では西欧文学と比較する中で、日本文学中の「アオサギイメージ」がどんな特徴を持つのかを明らかにし、第Ⅱ部では、その由来と起源はどこにあるのかを考えたものです。話の概要は「水圏生態学」の講義中でも取り上げていましたが、そこでは時間が絶対的に足りませんでした。今回、講義時間の制限なしで文章にできたのは自分自身、うれしいことです。

第Ⅲ部では、サギ類と人との、もっと即物的な関係について取り上げました。特に、十九世紀から二十世紀初頭にかけて、婦人帽の装飾のためにサギたちをはじめ鳥類の羽毛が大量に消費された問題が大きな話題です。「水圏生態学」の講義では、明治期における野生動物の受難について話していましたが、鳥類を特別に取り上げたわけではありません。それが、『アホウドリと「帝国」日本の拡大』(平岡昭利、2012年)を読んでから俄然、羽毛利用問題にも関心が湧きはじめました。同書の存在を私に教えてくれた花伝社の柴田章さんには、筆者の遅筆に辛抱強く気長に付き合っていただいたばかりでなく、編集に際しても多大なお世話になりました。厚くお礼を申し述べたく思います。

本書の成立までにはたくさんの人たちのお世話になっています。本文中や掲載写真でお名前を出した遠藤菜緒子、吉田比呂子、中濵翔太、寺嶋裕文の皆様のほか、サギの現れる文学作品を教えていただいた石堂哲也、菅澤信夫（故人）、佐原怜の皆様に深謝します。平岡考さんには蔵原伸二郎について貴重な情報をいただきました。またサギの蓑羽の写真を撮るにあたっては碓井徹さんにお世話になりました。建部綾足（寒葉斎）「秋塘青鷺図」の掲載を許可いただいた弘前市立博物館と、鳥山石燕の『古今画図続百鬼』から「青鷺火」の撮影・掲載許可をいただいた東北大学図書館にも感謝します。筆者を超える（！）アオサギ好きの松長克利さんとの議論ではずいぶん多くのことを教えていただきました。アオサギの野外生態を一緒に研究した卒業生の皆さんや、「水圏生態学」の講義を面白そうに聴いてくれた学生諸君にも感謝したく思います。

本書で取り上げることのできなかった話題は、まだまだたくさんありますが、いつかそれらについて文章が書ければと思います。

2015年12月

佐原　雄二

参考図書一覧

原著論文や詩集・小説などは割愛し、他方、本文中では直接引用しなかったが参考に適した図書を加えてある。

Bills, M. and B. Bryant (2008) *G. F. Watts. Victorian Visionary.* Yale University Press.

Doughty, R. W. (1975) *Feather Fashions and Bird Preservation.* University of California Press.

樋口広芳・成末雅恵（１９９７年）『湿地といきる』岩波書店。

平岡昭利（２０１２年）『アホウドリと「帝国」日本の拡大』明石書店。

ハドスン（１９９２年）『鳥たちをめぐる冒険』黒田晶子訳、講談社［Hudson, W. H. (1913) *Adventure among Birds.* ］。

北山晴一（１９９１年）『おしゃれの社会史』朝日新聞社。

小杉昭光（１９８０年）『野田の鷺山』朝日新聞社。

Kushlan, J. A. and J. A. Hancock (2005) *The Herons.* Oxford University Press.

ミシュレ（１９６９年）『博物誌　鳥』石川湧訳、思潮社［Michelet, J. (1856) *L'Oiseau*］。

守山弘（１９９７年）『水田を守るとはどういうことか』農山漁村文化協会。

中村禎里（１９８４年）『日本人の動物観――変身譚の歴史』海鳴社。

鳥山石燕（１７７９年）『今昔画図続百鬼』（高田監修による復刻版『画図百鬼夜行』（１９９２年）所収、国書刊行会）。

Voisin, C. (1991) *The Herons of Europe*. T. & A. D. Poyser.

インターネットの二つのサイト、「青空文庫」と“Project Gutenberg”にはずいぶんお世話になったことを付記しておく。

佐原雄二（さわら・ゆうじ）
1949年兵庫県生まれ。1971年東京大学理学部生物学科動物学課程卒業。1978年東京大学大学院理学系研究科修了（理学博士）。弘前大学教養部、同農学生命科学部を経て2014年退職。現在、弘前大学名誉教授。専門は動物生態学。主な研究テーマは魚類と魚食性鳥類との種間関係。

主な著書
『さかなの食事』岩波書店、1979年（毎日出版文化賞受賞）。

『魚の採餌行動』東京大学出版会、1987年。

『現代日本生物誌10　メダカとヨシ』（共著）岩波書店、2003年。

『フィールドワークは楽しい』（共著）岩波書店、2004年。

『青森県のフィールドから――野外動物生態学への招待』（編著）弘前大学出版会、2007年。

幻像のアオサギが飛ぶよ――日本人・西欧人と鷺

2016年2月25日　初版第1刷発行

著者 ――佐原雄二
発行者 ――平田　勝
発行 ――花伝社
発売 ――共栄書房
〒101-0065　東京都千代田区西神田2-5-11出版輸送ビル2F
電話　03-3263-3813
FAX　03-3239-8272
E-mail　kadensha@muf.biglobe.ne.jp
URL　http://kadensha.net
振替 ――00140-6-59661
装幀 ――三田村邦亮
印刷・製本―中央精版印刷株式会社

ISBN978-4-7634-0767-2 C3045